科学出版社"十三五"普通高等教育本科规划教材

新能源科学与工程专业系列教材

光伏建筑一体化技术及应用

主编　马玉龙　钱　斌

参编　张　静　李天福　张惠国
　　　钱洪强　张树德

科学出版社

北　京

内 容 简 介

本书结合光伏建筑一体化领域的发展概况，系统地介绍了光伏建筑一体化原理、技术及应用。全书共 8 章，主要包括太阳能基础知识，光伏发电原理、电池与组件，光伏发电系统，光伏建筑一体化概述，光伏建筑一体化设计要点，光伏建筑一体化设计形式，非建筑光伏构筑物及建筑光伏系统的经济性与环境影响等。

本书可作为普通高等学校新能源科学与工程及相关专业的本科生教材，也可供从事建筑节能、光伏发电系统设计和其他相关领域的工程技术人员参考。

图书在版编目（CIP）数据

光伏建筑一体化技术及应用 / 马玉龙，钱斌主编. —北京：科学出版社，2023.11
科学出版社"十三五"普通高等教育本科规划教材·新能源科学与工程专业系列教材
ISBN 978-7-03-076868-1

Ⅰ. ①光…　Ⅱ. ①马…　②钱…　Ⅲ. ①太阳能发电-太阳能建筑-建筑设计-高等学校-教材　Ⅳ. ①TU18

中国国家版本馆 CIP 数据核字（2023）第 212771 号

责任编辑：余　江　陈　琪 / 责任校对：王　瑞
责任印制：赵　博 / 封面设计：马晓敏

科 学 出 版 社 出版
北京东黄城根北街 16 号
邮政编码：100717
http://www.sciencep.com
北京天宇星印刷厂印刷

科学出版社发行　各地新华书店经销
*
2023 年 11 月第　一　版　　开本：720×1000　1/16
2024 年 11 月第二次印刷　　印张：11 1/4
字数：215 000

定价：59.00 元
（如有印装质量问题，我社负责调换）

前　　言

光伏建筑一体化是当今可持续发展领域的一个热门话题。随着全球气候变化影响的日益加剧，以及能源安全和环境保护等问题的日益凸显，越来越多的国家开始关注并进行技术创新，以提升光伏建筑一体化技术的实用性和普及率。本书旨在介绍光伏建筑一体化技术的原理和应用，让读者了解与之相关的设计、计算、施工和经济效益等方面的知识。

本书共 8 章，分为四部分。

第一部分(第 1~3 章)，阐明光伏建筑一体化技术的原理，包括太阳能基础知识、光伏电池原理、光伏电池及组件制造过程与技术路线、光伏发电系统构成等，为后续章节的学习打下了坚实的理论基础。

第二部分(第 4、5 章)，介绍光伏建筑一体化技术的背景及重要性，阐述光伏建筑一体化的定义、特点与分类，并对该技术的发展历史、现状及未来趋势进行详细描述；重点介绍光伏建筑一体化技术的设计与计算，包括建筑排布、光伏电池组件选择、倾角和方位角的优化、设备选型等。

第三部分(第 6、7 章)，展示光伏建筑一体化技术的应用和实践，旨在帮助读者深入了解光伏建筑一体化技术案例的现状和进展，同时启发读者的创新意识，使其开阔视野，勇于尝试。

第四部分(第 8 章)，主要介绍光伏建筑的经济效益和环保效益分析。

党的二十大报告指出："必须牢固树立和践行绿水青山就是金山银山的理念，站在人与自然和谐共生的高度谋划发展。"通过不断地推广和实践，光伏建筑一体化技术必将在未来的可持续发展进程中扮演越来越重要的角色，并对人类文明的未来产生深远影响。本书正是为了让更多人了解、掌握和应用这项前沿技术而编写的，希望本书能够为读者在这个领域的学习与实践提供强有力的支持和帮助。

本书由常熟理工学院"光伏建筑一体化技术及应用"课程的教师和企业工程师共同编写。在编写过程中得到了苏州腾晖光伏技术有限公司和常熟阿特斯阳光电力科技有限公司的大力支持，在此表示深深的感谢。科学出版社的编辑对本书的出版做了大量的工作，使本书得以顺利出版，在此表示衷心的感谢。

由于作者水平有限，书中难免存在不足和疏漏之处，恳请广大读者予以指正。

作　者

2023 年 3 月

目　　录

第1章 太阳能基础知识

能源是人们生活和社会生产中不可或缺的物质基础。当前我国的能源结构以煤炭、石油、天然气等化石能源为主,但这些资源是不可再生的,总量有限,其开发利用过程往往也会伴随环境污染问题,制约了经济和社会的可持续发展,因此对新能源的开发利用已成共识。太阳能作为一种丰富、洁净、可再生的新能源,对缓解能源危机和保护环境具有重大意义。

1.1 日地天文关系

1.1.1 太阳结构

太阳质量约为 2×10^{27} t,相当于地球质量的 33 万倍;太阳直径约为 1.39×10^6 km,其体积是地球体积的 130 万倍,所以太阳的平均密度只有地球的四分之一。太阳结构如图 1-1 所示,由两大部分组成,即太阳内部和太阳大气。太阳内部从中心到边缘可分为核反应区、辐射区、对流区,太阳大气自内向外大致可以分为光球、色球、日冕三个层次,各层次的物理性质有明显区别。太阳大气的最底层称为光球,太阳的全部光能几乎全从这个层次发出。严格说来,上述太阳大气分层仅有形式上的意义,实际上各层之间并不存在明显的界限,它们的温度、密度随着高度是连续改变的。

太阳是一个主要由氢和氦组成的炽热气体火球,其内部时刻在进行将氢转换成氦的核聚变反应。大部分反应发生在半径 $r < 0.23R$ 的核心部分,反应过程中,太阳每秒要损失 4.0×10^6 t 质量,根据爱因斯坦的著名公式 $E = mc^2$,质量转换成能量,可产生 360×10^{21} kW 功率。这些能量通过对流和辐射方式向外传递,最终传递到太阳表面,然后以电磁波的形式向空间四面八方传播。物体以电磁波的形式向外发射能量的过程称为辐射。

可见,太阳并不是某一固定温度的辐射体,而是多层发射和吸收各种波长的综合辐射体。在太阳能利用工程中,可将太阳辐射看成温度为 6000K、波长为 $0.3 \sim 3\mu m$ 的黑体辐射。

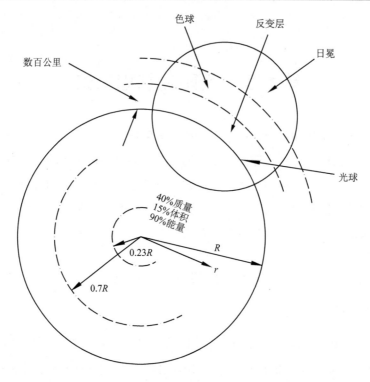

图 1-1　太阳结构

1.1.2　地球公转与赤纬角

　　图 1-2 给出了太阳与地球的几何关系。地球沿着偏心率不大的椭圆形轨道绕日公转，公转周期为 1 年。1 月 1 日为近日点，日地距离为 147.1×10^6 km，7 月 1 日为远日点，距离为 152.1×10^6 km，相差约为 3%。由于偏心率的影响，日地距离在 ±1.7% 范围内变化。通常将日地平均距离（1.495×10^{11} m）定义为天文单位（AU），当距离为 1AU 时，太阳所对应的张角为 32′。

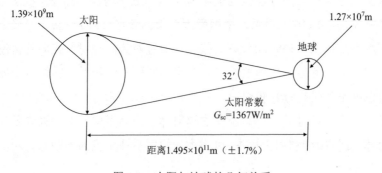

图 1-2　太阳与地球的几何关系

贯穿地球中心与南、北极的线称为地轴，地球一边绕地轴自转，一边在椭圆形轨道上围绕太阳公转，公转一周为一年。由于地轴与公转轨道平面(称为黄道面)法线间的夹角为 23°27′，而且在地球公转时地轴的方向始终不变，总是指向天球坐标系的北极，这就使得太阳光的直射位置在一年中有时偏北，有时偏南。地球中心与太阳中心的连线(即午时太阳光线)与地球赤道平面的夹角称为太阳赤纬角，用 δ 表示。赤纬角是一个以一年为周期变化的量，它的变化范围为 −23°27′～+23°27′，取从赤道向北为正方向，向南为负方向。赤纬角是地球绕日运行规律造成的特殊现象，它使处于黄道面不同位置上的地球接收到的太阳光线方向也不同，从而形成地球四季的变化，如图 1-3 所示。一年中有四个特殊日期，即夏至、冬至、春分和秋分。北半球夏至(6 月 21 日或 22 日)即南半球冬至，太阳光线直射北回归线 $\delta = 23°27′$；北半球冬至(12 月 21 日、22 日或 23 日)即南半球夏至，太阳光线直射南回归线 $\delta = -23°27′$；春分(3 月 19 日、20 日、21 日或 22 日)和秋分(9 月 22 日、23 日或 24 日)太阳直射赤道，赤纬角都为零，地球南、北半球日夜相等。

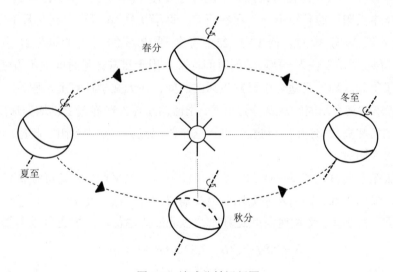

图 1-3　地球公转运行图

某一天的赤纬角可由式(1.1)计算：

$$\delta = 23.45\sin\left(360° \times \frac{284 + n}{365}\right) \tag{1.1}$$

式中，n 为该日从 1 月 1 日算起，是一年中的第几天的天数。

1.1.3　地球自转与太阳时

地球每天绕着地轴自西向东自转一周，对于地球上的观察者来说，太阳在天空中每天自东向西旋转一周。称太阳视圆面中心处于正南方向时为正午，将连续两个正午的间隔定为一个真太阳日，1 个真太阳日被分为 24 个真太阳时，简称为太阳时。太阳绕地轴的每日视旋转运动，可以用时角 ω 表示，正午时角为零，下午时角为正，上午时角为负。地球自转一周为 360°，相应的时间为 24h，所以地球自转 1h，相当于自转 15°，也就是太阳视旋转 15°，即时角 $\omega = 15°$。故某地太阳时上午 10 点、正午 12 点、下午 3 点，时角分别为 $\omega = -30°$、$\omega = 0°$、$\omega = 45°$。

在太阳能工程计算中，时间值均采用当地太阳时表示。地球自转一周，计为 24 太阳时，由于地球的公转，地球每天沿黄道又向前运行了一段，大约需要再向前自转 1°，才能到达前一天正午所指向的太阳方向。所以，当太阳第二次到达观察点正南方时，地球的自转已大于 360° 了，实际上地球自转一周不是 24h，而是比 24h 小。此外，地球公转的轨道是椭圆的，地球在近日点时运行角速度快些，一昼夜多自转 1°1′10″；在远日点时，运行速度慢一些，一昼夜少自转 57′11″。因此，一年中太阳日的长短不一。观察证实，每年 9 月 16 日正午到 9 月 17 日正午只有 23 小时 59 分 39 秒，而 12 月 23 日正午到 12 月 24 日正午却有 24 小时 0 分 30 秒。可见太阳日不是一种均匀的时间标准，用于日常计量时间很不方便。

为了得到既均匀又适合于日常生活的时间，在天文学计算上，假设一个理想点，它每年和真太阳同时从春分点出发，由西向东在天球赤道上以均匀速度运行，运行一周后和真太阳同时回到春分点。这个假想点称为平均太阳，相应的时间系统称为平太阳时。

平太阳日的日长等于一回归年里真太阳日日长的平均值，这样便把日长固定下来了。显然，真太阳时和平太阳时之间会有差异，在天文学中，将这个差值称为时差 E，即 $E = $ 真太阳时 $-$ 平太阳时，以 min 为单位，可按式 (1.2) 计算：

$$E = 9.87 \sin 2B - 7.53 \cos B - 1.5 \sin B \tag{1.2}$$

$$B = \frac{360(n-81)}{364}$$

式中，n 为所求日期在一年中的日子数。时差也可以从图 1-4 中查出。

真太阳时与日常所用标准时间的转换公式为

$$t_s = t + E \pm 4(L_{st} - L_{loc}) \tag{1.3}$$

式中，t_s 为当地真太阳时；t 为标准时间；L_{st} 为标准时间所采用的地理经度；L_{loc} 为当地经度。所在地点在东半球时取负号，在西半球时取正号。

我国以北京时间为标准时间，其所对应的地理经度为东经 120°，式 (1.3) 变为

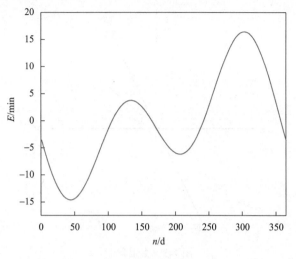

图 1-4　时差曲线

$$t_s = t_{bj} + E - 4(120 - L_{loc})　　　　　(1.4)$$

式中，t_{bj} 为北京时间。转换时考虑了两项修正：第一项是真太阳时与平太阳时的时差；第二项是所在地区的经度 L_{loc} 与制定标准时间的经度之差。由于经度每相差 $1°$，在时间上就相差 4min，所以公式中最后一项乘 4，单位也是 min。

1.1.4　太阳高度角和方位角

相对于地球表面上的某个观察点，太阳的空间位置取决于两个基本参量：高度角和方位角。不管地球和太阳之间的相对位置如何变化，只要确定了太阳的高度角和方位角，太阳和地球之间的相对位置也就确定了。

太阳高度角定义为地球表面上的某点和太阳的连线与地平面之间的夹角，用 α_s 表示，向天顶方向为正，向天底方向为负，如图 1-5 所示。该连线与地面法线的夹角叫太阳天顶角，用 θ_z 表示，显然，天顶角与高度角互为余角。

太阳高度角的计算表达式如下：

$$\sin\alpha_s = \cos\theta_z = \sin\phi\sin\delta + \cos\phi\cos\delta\cos\omega　　　(1.5)$$

式中，ϕ 为地理纬度；δ 为赤纬角；ω 为时角。由此可见，太阳高度角随不同地区、季节和每天的时刻而变化。

在正午时刻，时角 $\omega = 0°$，代入式(1.5)可得

$$\sin\alpha_s = \sin\phi\sin\delta + \cos\phi\cos\delta = \cos(\phi - \delta)　　　(1.6)$$

由平面三角关系可知

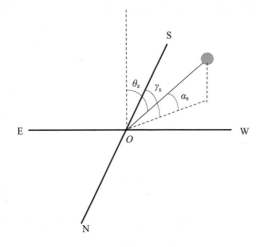

图 1-5　太阳角度

$$\sin \alpha_s = \sin\left[90° \pm (\phi - \delta)\right] \tag{1.7}$$

解得

$$\alpha_s = 90° \pm (\phi - \delta) \tag{1.8}$$

式中，±号表示两种不同情况下的取值。正午时，若太阳位于天顶以南，即 $\phi > \delta$，取−；若太阳位于天顶以北，即 $\phi < \delta$，取+；若太阳处于天顶，则 $\phi = \delta$，即 $\alpha_s = 90°$。若在春、秋分日的正午时刻，即 $\delta = 0°$，$\omega = 0°$，有 $\alpha_s = 90° - |\phi|$，太阳高度角随纬度增加而减小。

太阳方位角定义为地球表面上的某点和太阳的连线在地平面上的投影与正南方向之间的夹角，用 γ_s 表示。偏东为负，偏西为正。

太阳方位角的计算表达式如下：

$$\sin \gamma_s = \frac{\cos \delta \sin \omega}{\cos \alpha_s} \tag{1.9}$$

$$\cos \gamma_s = \frac{\sin \alpha_s \sin \phi - \sin \delta}{\cos \alpha_s \cos \phi} \tag{1.10}$$

1.1.5　日照时长

无论哪一种太阳能收集器，都必然会涉及太阳的日照时长计算。太阳视圆面中心出没地平线的瞬间，称为日出和日落。日出和日落时，太阳高度角 $\alpha_s = 0°$，代入式(1.5)可以求得日出和日落时的时角为

$$\cos \omega_0 = -\tan \phi \tan \delta \tag{1.11}$$

$$\omega_0 = \pm \arccos(-\tan\phi\tan\delta) \tag{1.12}$$

式中，ω_0 为日出、日落时的时角。因余弦为偶函数，故 ω_0 有正有负，负值为日出时角，正值为日落时角。对于某一个确定的地点而言，ϕ 为定值，所以 ω_0 只是 δ 的函数，一年之内，日出、日落时角随着 δ 的变化而改变。

知晓 ω_0 后，结合地球的自转角速度（为15°/h），可得到某日的日照时长，或者说一天中可能的日照时间长度为

$$N = \frac{2\omega_0}{15} = \frac{2}{15}\arccos(-\tan\phi\operatorname{an}\delta) \tag{1.13}$$

式中，N 为日照时长，h。

1.2　大气层外太阳辐射

1.2.1　太阳常数

太阳核心内的氢聚变基本上是一个稳定的过程，所以太空中的太阳辐射总能量也基本上是一个稳定值，但到达地球大气层外的太阳辐射并非定值，其变化主要受到两个因素的影响。一是太阳自身发出辐射的变化。由于太阳内部反应的不可控性，太阳辐射随着黑子活动会略有变化。但是在地面工程应用中，可将太阳发出的辐射视为稳定量。二为日地距离的变化。日地距离取决于一年中的不同时间（即对应不同公转位置）。

描述太阳辐射强弱的名词是辐照度，指单位时间内照射到单位表面上的辐射能，用 G 表示，单位为 W/m^2。太阳发出辐射的特点使得离太阳一定距离处的辐照度基本保持不变。在日地平均距离处，地球大气层外垂直于辐射传播方向上单位面积、单位时间内所接收到的太阳辐射能，称为太阳常数，以 G_{sc} 表示。

太阳常数并不是从理论上推导出来的，而是一个有严格物理内涵的常数。20世纪初期人们就开始研究太阳常数，最初的太阳常数由美国斯密逊研究所根据地球表面、高山上的太阳辐射推导得出，数据为 $1322\,W/m^2$，1954 年，Johnson 通过火箭的太空测量修正为 $1395\,W/m^2$，此后人们通过飞艇、高空气球和卫星利用不同的测量仪器进行了测量，确定为 $1353\,W/m^2$，误差为 ±1.5%，这一数据在 1971 年被 NASA（美国国家航空航天局）和 ASTM（美国材料与试验协会）接受。目前普遍采用的是 1981 年由世界气象组织（WMO）推荐的太阳常数值 $(1367\pm7)\,W/m^2$。

考虑到日地距离的变化影响，如图 1-6 所示，地球大气层外太阳辐照度随一年中不同时间（对应不同日地距离）而改变，它可由式(1.14)确定：

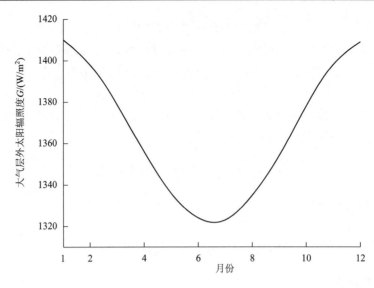

图 1-6　地球大气层外太阳辐照度

$$G_{\text{on}} = G_{\text{sc}}\xi_0 \tag{1.14}$$

$$\xi_0 = \left(\frac{r_0}{r}\right)^2 = 1 + 0.033\cos\left(\frac{360°n}{365}\right) \tag{1.15}$$

式中，G_{on} 为一年中第 n 天在太阳辐射传递的法向平面上测得的大气层外太阳辐照度；ξ_0 为日地距离修正系数；r_0 为日地平均距离；r 为观察时点的日地距离。

1.2.2　太阳辐射光谱

通常认为辐射有频率和波长这种标准的波的性质。对于特定介质中的传播，两者的关系是

$$c = \frac{c_0}{n} = \lambda\nu \tag{1.16}$$

式中，c 为介质中的光速；c_0 为真空中的光速，$c_0 = 2.998\times10^8\,\text{m/s}$；$n$ 为介质的折射率；λ 为波长，常用 μm 作单位；ν 为频率。

物体会因各种原因发射电磁辐射，电磁辐射种类很多，详见图 1-7，可见它们的划分范围并不是很严格。高能物理学家和核工程师感兴趣的主要是短波长的 γ 射线、X 射线和紫外辐射，而电气工程师所关心的是长波长的微波和无线电波。0.1～100μm 的中间部分光谱包括一部分紫外辐射、全部可见光和红外辐射，称为热辐射，这是因为它是物体因自身的热状态或温度产生的，并能对它们产生影响。

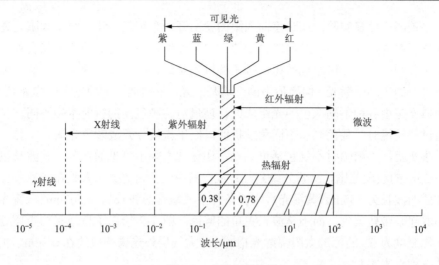

图 1-7　电磁辐射波谱

由图 1-8 可知，在热辐射的整个波谱内，不同波长的辐射强弱是不同的。常用光谱这个术语来表示这种依赖性质，描述各种波长的光在总能量中的比例关系。

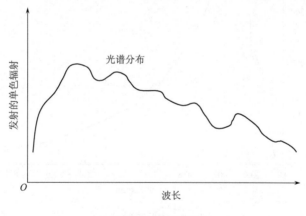

图 1-8　光谱分布

定义波长为 λ 的光谱辐照度为单位时间内照射到单位表面上的，在围绕波长 λ 的单位波长间隔内的辐射能，用 G_λ 表示，单位为 $\mathrm{W}/(\mathrm{m}^2 \cdot \mu\mathrm{m})$，与辐照度的关系为

$$G_\lambda = \lim_{\delta\lambda \to 0} \frac{G}{\delta\lambda} \tag{1.17}$$

式中，$\delta\lambda$ 为围绕波长 λ 的小波长间隔，即波长范围为 $\left[\lambda - \dfrac{\delta\lambda}{2}, \lambda + \dfrac{\delta\lambda}{2} \right]$。

　　牛顿的三棱镜实验：在暗室向太阳的窗上开一个小孔，让一窄束太阳光通过小孔进入室内，在光束经过的路径上放一块三棱镜，小孔对面的墙上就会观察到一个由各种颜色的光斑组成的像，颜色的排列是红、橙、黄、绿、青、蓝、紫，偏离最大的一端是紫光，偏离最小的一端是红光。牛顿把这个颜色光斑称为光谱，认为白光是由各种不同颜色的光组成的，玻璃对各种色光的折射本领不同，当白光通过三棱镜时，各色光以不同角度折射，结果就被分开成颜色光谱。

　　事实上，太阳辐射不仅包括可见光，还包含人眼不可见的部分，其波长包含 $0.3 \sim 3\mu m$ 的波段范围，从紫外线到红外线，其中包括可见光。人眼在明视条件下最敏感的波长为 555nm（黄绿光），暗视条件下最敏感的波长约为 507nm（绿蓝光），太阳看起来带些黄色，而不是波长更短的蓝色。图 1-9 给出了日地平均距离处，太阳辐照度为 G_{sc} 的标准太阳辐射光谱，地球大气层外光谱峰值约在 $0.5\mu m$。相应的数据列于表 1-1 中。

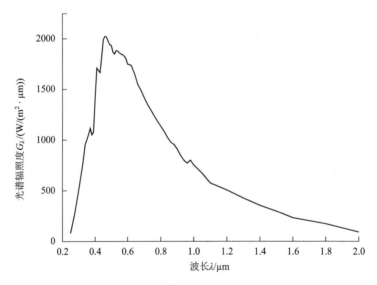

图 1-9　太阳辐射光谱

表 1-1　大气层外的太阳辐照度（$G_{sc} = 1367\,\mathrm{W/m^2}$）

λ [1]	G_λ [2]	$f_{0\sim\lambda}$ [3]	λ	G_λ	$f_{0\sim\lambda}$	λ	G_λ	$f_{0\sim\lambda}$
0.250	81.21	0.001	0.350	955.6	0.040	0.400	1422.8	0.080
0.275	265.0	0.004	0.360	1053.1	0.047	0.410	1710.0	0.092
0.300	499.4	0.011	0.370	1116.2	0.056	0.420	1687.2	0.105
0.325	760.2	0.023	0.380	1051.6	0.064	0.430	1667.5	0.116
0.340	955.5	0.033	0.390	1077.5	0.071	0.440	1825.0	0.129

续表

λ	G_λ	$f_{0\sim\lambda}$	λ	G_λ	$f_{0\sim\lambda}$	λ	G_λ	$f_{0\sim\lambda}$
0.450	1992.8	0.143	0.640	1658.7	0.402	0.980	799.1	0.683
0.460	2022.8	0.158	0.660	1550.0	0.425	1.000	753.2	0.695
0.470	2015.0	0.173	0.680	1490.2	0.448	1.050	672.4	0.721
0.480	1975.6	0.188	0.700	1413.8	0.469	1.100	574.9	0.744
0.490	1940.6	0.202	0.720	1348.6	0.489	1.200	507.5	0.785
0.500	1932.2	0.216	0.740	1292.7	0.508	1.300	427.5	0.819
0.510	1869.1	0.230	0.760	1235.0	0.527	1.400	355.0	0.847
0.520	1849.7	0.243	0.780	1182.3	0.544	1.500	297.8	0.871
0.530	1882.8	0.257	0.800	1133.6	0.561	1.600	231.7	0.891
0.540	1877.8	0.271	0.820	1085.0	0.578	1.800	173.8	0.921
0.550	1860.0	0.284	0.840	1027.7	0.593	2.000	91.6	0.942
0.560	1847.5	0.298	0.860	980.0	0.608	2.500	54.3	0.968
0.570	1842.5	0.312	0.880	955.0	0.622	3.000	26.5	0.981
0.580	1826.9	0.325	0.900	908.9	0.636	3.500	15.0	0.988
0.590	1797.5	0.338	0.920	847.5	0.648	4.000	7.7	0.992
0.600	1748.8	0.351	0.940	799.8	0.660	5.000	2.5	0.996
0.620	1738.8	0.377	0.960	771.1	0.672	8.000	1.0	0.999

注：①λ 是波长，μm。

②G_λ 是以 λ 为中心的小波段内的太阳平均辐照度，$W/(m^2\cdot\mu m)$。

③$f_{0\sim\lambda}$ 是 $0\sim\lambda$ 波长范围内的总辐照度占太阳常数的百分比，%。

可见，地球大气层外太空中的太阳辐射能量主要分布在可见光区（$0.38\mu m<\lambda<0.78\mu m$）和红外区（$\lambda>0.78\mu m$），分别为 48.0%和 45.6%，紫外区（$\lambda<0.38\mu m$）只占 6.4%。

1.2.3　大气层外水平面上的太阳辐射

计算太阳辐射量时，要用到理论上可能的参考辐射量。通常将大气层外水平面上的辐射量作为参考依据。

根据图 1-10 所示，穿过 AB 面的太阳辐射被 OA 面所拦截，两个面获得的总辐射量相等，即 $G_0\cdot OA=G_{on}\cdot AB$ 则有

$$G_0=G_{on}\sin\alpha_s \tag{1.18}$$

式中，G_0 为大气层外水平面上的太阳辐照度。结合式(1.5)和式(1.14)，可得任何地区、任何一天的白天内的任何时刻，大气层外水平面上的太阳辐照度为

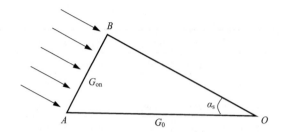

图 1-10　法向与水平面太阳辐照度

$$G_0 = G_{sc}\xi_0\left(\sin\phi\sin\delta + \cos\phi\cos\delta\cos\omega\right) \qquad (1.19)$$

　　大气层外水平面上一天的太阳辐射量，可通过对式(1.19)从日出到日落时间区间内的积分求出。太阳辐照度单位是 W/m^2，日辐射量的单位就是 J/m^2，可由式(1.20)计算：

$$H_0 = \frac{24\times3600 G_{sc}}{\pi}\xi_0\left(\cos\phi\cos\delta\sin\omega_0 + \frac{2\pi\omega_0}{360°}\sin\phi\sin\delta\right) \qquad (1.20)$$

式中，H_0 为大气层外水平面上一天的太阳辐射量；ω_0 为日落时角。若要求大气层外水平面上月平均的日太阳辐射量，只要将表 1-2 中各月平均日的 n 和 δ 代入式(1.20)即可。

表 1-2　推荐的各月平均日及相应日子数

月份	各月第 i 天日子数的算式	各月平均日[①]	该天的日子数 n /天[②]	赤纬角 δ /(°)
1	i	17 日	17	−20.9
2	$31+i$	16 日	47	−13.0
3	$59+i$	16 日	75	−2.4
4	$90+i$	15 日	105	9.4
5	$120+i$	15 日	135	18.8
6	$151+i$	11 日	162	23.1
7	$181+i$	17 日	198	21.2
8	$212+i$	16 日	228	13.5
9	$243+i$	15 日	258	2.2
10	$273+i$	15 日	288	−9.6
11	$304+i$	14 日	318	−18.9
12	$334+i$	10 日	344	−23.0

　　注：①若按某日算出的大气层外的太阳辐射量与该月的日平均值最为接近，则将该日定为该月的平均日。
　　②表中的 n 没有考虑闰年，对于闰年，2 月之后的 n 要加一，赤纬角也随之稍有改变。

至于计算大气层外水平面上某小时内的太阳辐射量，可通过对式(1.19)在该小时内的积分求得：

$$I_0 = \frac{12 \times 3600 G_{sc}}{\pi} \xi_0 \left[\cos\phi \cos\delta \left(\sin\omega_2 - \sin\omega_1\right) + \frac{2\pi\left(\omega_2 - \omega_1\right)}{360°} \sin\phi \sin\delta \right] \quad (1.21)$$

式中，I_0 为大气层外水平面某小时内的太阳辐射量；ω_1 和 ω_2 分别为该小时的起始时角和终了时角。若 ω_1 和 ω_2 的时间间隔不是 1h，式(1.21)仍然成立。

1.3　地面太阳辐射

1.3.1　大气层的影响

地球表面能够利用的太阳能，是天空太阳辐射透过地球大气层投射到地球表面上的辐射能量。众所周知，地球大气层是由空气、尘埃和水蒸气等组成的气体层，包围着地球。

在大气层外，太阳光在真空中沿直线传播，全部太阳辐射都直接从太阳照射过来。而地面上情况有所不同，在地面上的任何地方都不可能排除大气层对太阳辐射的影响。虽然大气层厚度仅为 30km，不及地球直径的1/400，却对到达地面上的太阳辐照度和光谱分布都有较大影响。

当太阳光进入大气层后，一部分被吸收，一部分被散射(即太阳辐射因空气分子、水蒸气和尘埃等改变传播方向)，还有一部分未受到大气层分子影响，通过了大气层，被地面吸收或反射。最终大约30%的太阳辐射被反射或散射回太空，如图 1-11 所示。其中空气散射占 6%，云层反射占 20%，地球表面反射占 4%。另

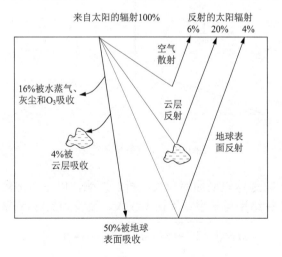

图 1-11　太阳辐射与大气层的相互作用

外 20%被大气层吸收，其中 16%被水蒸气、灰尘和臭氧吸收，4%被云层吸收。吸收的太阳辐射导致大气温度升高。50%被地球表面吸收。大气和地球表面吸收的辐射总量约占 70%。地球应与外界环境保持热平衡，因此，这 70%被大气和地球表面所吸收的太阳能又以热辐射形式返回太空。

　　显然，太阳光被吸收、反射或散射的数量取决于在大气层中通过的路径长度，路径越长，被大气层吸收、反射和散射的数量可能越多，到达地面的数量越少。为描述太阳光线经过的大气层路径长度，引入大气质量(air mass，AM)的概念，规定：在无云的大气条件下，当太阳处于天顶位置时，海平面上太阳光线垂直照射所通过的大气层路径长度为一个大气质量；太阳在任意位置时的大气层质量定义为太阳光线穿过大气层的路径与太阳在天顶位置时光线穿过大气层的路径之比。大气质量是一个无量纲的量，用 m 表示。

　　图 1-12 为大气质量的示意图。A 为地球海平面上一点，当太阳在天顶位置 S 时，太阳辐射穿过大气层到达 A 点的路径为 OA，而太阳位于任一点 S' 时，太阳辐射穿过大气层的路径为 $O'A$，则大气质量为

$$m = \frac{O'A}{OA} = \frac{1}{\sin \alpha_s} \tag{1.22}$$

式中，α_s 为直射阳光与水平面之间的夹角，即太阳高度角。

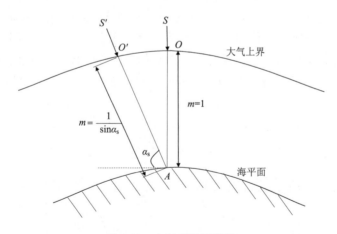

图 1-12　大气质量示意图

　　式(1.22)是忽略地球表面曲率和大气折射影响，以三角函数关系推导出的，当 $\alpha_s < 30°$ 时，计算结果与观察结果误差较大。较精确的计算式如下：

$$m = \sqrt{1229 + \left(614 \sin \alpha_s\right)^2} - 614 \sin \alpha_s \tag{1.23}$$

对于海拔较高的地区，应对大气压力进行修正，即

$$m = \frac{P}{P_0} \frac{1}{\sin \alpha_s} \tag{1.24}$$

式中，P 为当地的大气压力；P_0 为标准大气压力，$P_0 = 101.3\text{kPa}$。

可见，地球大气上界处的大气质量为 0，称为 AM0 条件，辐照度为太阳常数 $1367\,\text{W/m}^2$，AM0 光谱主要用于评估空间应用光伏电池和组件的性能。太阳在天顶时海平面处的大气质量为 1，称为 AM1 条件，AM1 的辐照度降低到约 1000W/m^2。在高海拔地区，当太阳处于天顶位置时大气质量要小于 1。

随着太阳高度角的减小，通过大气层的路径变长，大气质量大于 1。例如，太阳高度角为 $30°$ 时，大气质量为 2。由于大气的吸收和散射作用，到达地面的太阳辐照度下降，光谱分布改变，如图 1-13 所示。紫外线部分主要被 O_3 吸收，红外线由 H_2O 及 CO_2 吸收。小于 $0.29\mu m$ 的短波几乎全被大气上层的臭氧吸收，在 $0.29 \sim 0.35\mu m$ 内臭氧的吸收能力降低，但在 $0.6\mu m$ 处还有一个弱吸收区。水蒸气在 $1.0\mu m$、$1.4\mu m$ 和 $1.8\mu m$ 处都有前吸收带。大于 $2.3\mu m$ 的辐射大部分被 H_2O 及 CO_2 吸收，到达地面时不到大气层外总辐射的 5%。

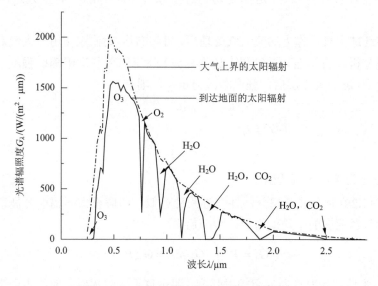

图 1-13　太阳辐射被大气吸收的分布情况

1.3.2　均质大气和布格-朗伯定律

实际的地球大气层是非均匀介质层，其压力、温度和密度等都随海拔变化而变化，太阳光子同空气分子相碰撞的概率在不同部位有不同的值。因此，在研究太阳辐射在地球大气层中的衰减问题时，需要引入均质大气的概念，以对地球大气层作某种程度上的近似。均质大气指整个大气中空气的密度处处均等，其成分、温度和地面气压均与实际大气相同。根据这一定义，均质大气在单位面积上垂直气柱内所包含的空气质量与实际大气完全一样，自然气体分子的数目也相同。这样，从光子同空气分子的碰撞概率和大气消光作用上看，实际大气可以用与之气压相应的均质大气来表征。此近似对太阳能工程设计中各种太阳辐射量的计算所带来的误差很小，却使各种计算大大简化。

当辐射能通过介质时，由于沿途被介质吸收和散射而逐渐减弱。在均匀介质中，辐射通量的减少值与所通过的介质层厚度及初始辐射通量成正比，即

$$\mathrm{d}\Phi_\lambda = -K_\lambda \Phi_{0,\lambda} \mathrm{d}L \tag{1.25}$$

式中，下标 λ 表示某波长的单色辐射；Φ_λ 为通过介质层后的单色辐射通量；$\Phi_{0,\lambda}$ 为初始单色辐射通量；比例常数 K_λ 为单色消光系数；L 为通过的介质层厚度。对式(1.25)积分，整理得

$$\Phi_\lambda = \Phi_{0,\lambda} \mathrm{e}^{-K_\lambda L} \tag{1.26}$$

这就是布格-朗伯定律。此定律是均匀介质条件下得到的，而且只适用于单色辐射。

在将地球大气层作为均质大气处理后，可将布格-朗伯定律用于大气对太阳辐射的衰减分析。假设地球大气层上边界处波长为 λ 的单色太阳辐射强度为 $G_{0,\lambda}$，经过厚度为 $\mathrm{d}m$ 的大气层后，强度衰减为 $\mathrm{d}G_\lambda$，则有

$$G_\lambda = G_{0,\lambda} \mathrm{e}^{-K_\lambda m} \tag{1.27}$$

令 $P_\lambda = \mathrm{e}^{-K_\lambda}$，式(1.27)可改写为

$$G_\lambda = G_{0,\lambda} P_\lambda^m \tag{1.28}$$

式中，P_λ 称为单色大气透明度。

将式(1.28)对全波段积分，并引进某种近似，即假设太阳辐射全波段范围内的单色大气透明度的平均值为 P，积分后得

$$G_{\mathrm{n}} = P^m \int_0^\infty G_{0,\lambda} \mathrm{d}\lambda = G_{\mathrm{on}} P^m \tag{1.29}$$

式中，G_{n} 为地球表面法向太阳辐射强度，即垂直于太阳辐射入射线表面上的太阳辐射强度；G_{on} 为地球大气层上边界处法向太阳辐射强度；P 为大气透明度，表征太阳辐射通过地球大气层时的衰减程度。

1.3.3　水平面上的太阳辐射

太阳辐射透过大气层后，分为直射辐射和散射辐射。直射辐射是地面接收到的、直接来自太阳而不改变方向的太阳辐射。受到大气层中空气分子、水蒸气、

尘埃等影响而改变原来的辐射方向，又无特定方向的部分太阳辐射，称为散射辐射。直射辐射与散射辐射之和称为总辐射。

参照图 1-10，可得水平面上的太阳直射辐射强度 G_{bh} 为

$$G_{bh} = G_n \sin \alpha_s \tag{1.30}$$

式中，下标 b 代表直射辐射；下标 h 代表水平面。代入式(1.29)、式(1.14)，则水平面上的太阳直射辐射强度可按式(1.31)计算：

$$G_{bh} = G_{on} P^m \sin \alpha_s = G_{sc} \xi_0 P^m \sin \alpha_s \tag{1.31}$$

理论上精确计算到达地球表面上的太阳散射辐射能是十分困难的，但大量的观察资料表明，晴天到达地球表面上的太阳散射辐射能主要取决于太阳高度角和大气透明度，而地面反射对散射的影响可以忽略不计。常用于估算晴天水平面上太阳散射辐射强度的经验公式为

$$G_{dh} = \frac{1}{2} G_{sc} \xi_0 \frac{1-P^m}{1-1.4\ln P} \sin \alpha_s \tag{1.32}$$

式中，下标 d 代表散射辐射。根据定义，直射辐射与散射辐射之和为总辐射，将式(1.31)和式(1.32)相加，水平面总辐射为

$$G_h = G_{bh} + G_{dh} = G_{sc} \xi_0 \left[P^m + \frac{1-P^m}{2(1-1.4\ln P)} \right] \sin \alpha_s \tag{1.33}$$

1.3.4　倾斜面上的太阳辐射

如图 1-14 所示，任意倾斜平面与水平面之间的夹角，称为该倾斜平面的倾斜角，简称倾角，用 β 表示。在北半球，平面朝南倾斜，倾斜角为正；在南半球，平面朝北倾斜，倾斜角为负。图 1-14 中的 OP 表示经过原点 O 的倾斜平面的法线，

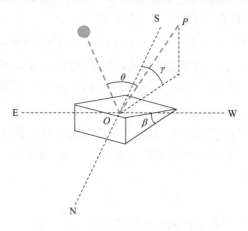

图 1-14　倾斜平面相关角度示意图

任意倾斜平面的法线在水平面上的投影线与正南方向线之间的夹角，称为该平面的方位角，用 γ 表示。规定：对任意平面，若面向正南，方位角为零，偏东为负，偏西为正。太阳直射辐射入射线与平面法线之间的夹角，称为太阳入射角，用 θ 表示。太阳光线可分为两个分量，一个垂直于采光面表面，另一个平行于采光面表面，只有前者的辐射能被采光面所获取，因此，实际使用时应使入射角越小越好。

太阳入射角取决于太阳和倾斜面的相对位置关系，可由式(1.34)计算：

$$\cos\theta = \cos\beta\sin\alpha_s + \sin\beta\cos\alpha_s\cos(\gamma_s - \gamma) \tag{1.34}$$

可见，倾斜平面上太阳入射角 θ 是倾斜面倾角 β、方位角 γ、太阳高度角 α_s 和太阳方位角 γ_s 的函数，而太阳高度角 α_s 和太阳方位角 γ_s 则是赤纬角 δ、时角 ω 和地理纬度 ϕ 的函数。入射角 θ 最终可表示为以下函数关系：

$$\begin{aligned}\cos\theta = &\sin\delta(\sin\phi\cos\beta - \cos\phi\sin\beta\cos\gamma) \\ &+ \cos\delta\cos\omega(\cos\phi\cos\beta + \sin\phi\sin\beta\cos\gamma) + \cos\delta\sin\beta\sin\gamma\sin\omega\end{aligned} \tag{1.35}$$

用此公式可以求出处于任何地理位置、任何一天、任何时候、采光面处于任何几何位置上的太阳入射角。

对于水平面，$\beta = 0°$，有

$$\cos\theta = \sin\alpha_s = \sin\delta\sin\phi + \cos\delta\cos\phi\cos\omega \tag{1.36}$$

这就是说，对于水平面，太阳入射角 θ 和太阳高度角 α_s 互为余角。

对于垂直面，$\beta = 90°$，分别代入式(1.34)和式(1.35)有

$$\cos\theta = \cos\alpha_s\cos(\gamma_s - \gamma) \tag{1.37}$$

$$\begin{aligned}\cos\theta = &-\sin\delta\cos\phi\cos\gamma + \cos\delta\cos\omega\sin\phi\cos\gamma \\ &+ \cos\delta\sin\gamma\sin\omega\end{aligned} \tag{1.38}$$

这可以用来计算太阳光线在垂直墙面或者窗户上的入射角。

对于面向正南的任意倾斜面，$\gamma = 0°$，有

$$\cos\theta = \sin\delta\sin(\phi - \beta) + \cos(\phi - \beta)\cos\delta\cos\omega \tag{1.39}$$

与式(1.36)对照，说明北半球纬度为 ϕ 处，朝南放置 $\gamma = 0°$、倾角为 β 的采光面上的太阳入射角，等于假想纬度 $(\phi - \beta)$ 处水平放置 $(\beta = 0°)$ 采光面上的入射角。它们之间的关系可参看图 1-15。

对于跟踪型太阳能利用装置，采用不同的跟踪方式，式(1.35)的形式也不同。

(1)采光面平面沿东西向的水平轴每天调节一次，以使中午太阳光始终与采光面平面相垂直，则有

$$\cos\theta = \sin^2\delta + \cos^2\delta\cos\omega \tag{1.40}$$

(2)采光面平面沿着东西向的水平轴连续调节，以使太阳入射角最小，则有

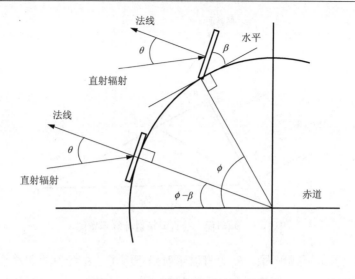

图 1-15　正南朝向倾斜面上的入射角

$$\cos\theta = \left(1 - \cos^2\delta\sin^2\omega\right)^{1/2} \tag{1.41}$$

(3)采光面平面沿着南北向的水平轴连续调节，以使太阳入射角最小，则有

$$\cos\theta = \left[\left(\sin\phi\sin\delta + \cos\phi\cos\delta\cos\omega\right)^2 + \cos^2\delta\sin^2\omega\right]^{1/2} \tag{1.42}$$

(4)采光面平面连续沿着平行于地球自转轴方向的南北轴调节，则有

$$\cos\theta = \cos\delta \tag{1.43}$$

(5)采用双轴连续跟踪，始终使太阳光线垂直于采光面平面，则有

$$\cos\theta = 1 \tag{1.44}$$

为了能尽可能多地接收太阳辐射能，所有太阳能利用设备的采光面都必须面向太阳设置，且大部分相对水平面是倾斜安放的。倾斜面上的太阳辐射由三部分组成：直射辐射、散射辐射以及地面反射辐射。

首先讨论倾斜面上直射辐射的计算。如图 1-16 所示，倾斜面上的直射辐射可由水平面上的直射辐射转换得到，穿过 AB 面的太阳辐射先后被 AC 面和 OA 面所拦截，两个面获得的总辐射量相等，即 $G_{bh} \cdot OA = G_{bt} \cdot AC$，则有 $G_{bt} = G_{bh}\dfrac{OA}{AC} = G_{bh}\dfrac{OA}{AB}\dfrac{AB}{AC}$。而 $\angle CAB = 90° - \angle ACB = \theta$，故 $\dfrac{AB}{AC} = \cos\theta$，$\dfrac{AB}{OA} = \sin\alpha_s$，即

$$G_{bt} = G_{bh}\frac{\cos\theta}{\sin\alpha_s} = G_{bh}R_b \tag{1.45}$$

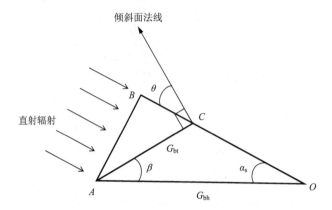

图 1-16　倾斜面上的直射辐射计算示意图

式中，下标 t 表示倾斜平面；R_b 为直射辐射修正因子，是倾斜面和水平面上接收到的直射辐射之比。若倾斜面朝向正南放置，即方位角 $\gamma = 0°$，代入式 (1.5) 和式 (1.39) 得

$$R_b = \frac{\cos(\phi - \beta)\cos\delta\cos\omega + \sin(\phi - \beta)\sin\delta}{\cos\phi\cos\delta\cos\omega + \sin\phi\sin\delta} \tag{1.46}$$

对于散射辐射和地面反射辐射也分别有修正因子 R_d 和 R_r，假设散射辐射是各向同性的，倾斜面对天空的可见因子为 $(1 + \cos\beta)/2$，这就是对太阳散射辐射的修正因子 R_d。太阳辐射投射到地面上以后，做半球向反射，假设地面反射辐射也为各向同性的，则倾斜面对地面的可见因子为 $(1 - \cos\beta)/2$，这是对地面反射辐射的修正因子 R_r。故倾斜面上散射辐射和地面反射辐射分别为

$$G_{dt} = G_{dh}R_d = G_{dh}\frac{1 + \cos\beta}{2} \tag{1.47}$$

$$G_{rt} = \rho G_h R_r = \rho(G_{bh} + G_{dh})\frac{1 - \cos\beta}{2} \tag{1.48}$$

式中，下标 r 表示地面反射辐射；ρ 为地面反射率，其数值取决于地面状态。表 1-3 列出了不同地面反射率的数值。在没有具体数值时，一般情况下普通地面可取 $\rho = 0.2$。

表 1-3　地面反射率

自然表面	反射率	自然表面	反射率	自然表面	反射率	自然表面	反射率
水	0.3～0.4	黄砂	0.35	密集建筑群的市区	0.15～0.25	棉花	0.20～0.22
黑色干土壤	0.14	白砂	0.34～0.4	春小麦	0.10～0.25	稻田	0.12
黑色湿土壤	0.08	河砂	0.43	冬小麦	0.16～0.23	土豆地	0.19

续表

自然表面	反射率	自然表面	反射率	自然表面	反射率	自然表面	反射率
灰色干土壤	0.25~0.3	明亮的细砂	0.37	冬裸麦	0.18~0.23	橡树叶	0.18
灰色湿土壤	0.10~0.12	岩石	0~0.15	高禾本科植物区	0.18~0.20	棕树叶	0.14
蓝色干垆坶（土）	0.23	雪	0.40~0.85	绿草地	0.26	杉树叶	0.10
蓝色湿垆坶（土）	0.16	海水	0.36~0.50	阳光下的干草地	0.19	甜菜	0.18

根据定义，倾斜面上的太阳总辐射强度为直射辐射、散射辐射和地面反射辐射强度之和，于是有

$$G_t = G_{bh}R_b + G_{dh}R_d + \rho(G_{bh} + G_{dh})R_r \tag{1.49}$$

$$G_t = G_{bh}\frac{\cos\theta}{\sin\alpha_s} + G_{dh}\frac{1+\cos\beta}{2} + \rho(G_{bh} + G_{dh})\frac{1-\cos\beta}{2} \tag{1.50}$$

上述倾斜面上辐射强度的计算公式既可用于辐射强度计算，也可推广用于 1h 时段的辐射量计算，只要以该小时中点所对应的时角来计算有关的量即可。

1.3.5　月平均日太阳辐射量

太阳辐射资料是太阳能系统设计中最重要的数据，其来源主要有两种：一是用辐射仪实测水平面上的辐射数据，然后对实测资料进行统计和整理；对于没有实测辐射数据的地方，需要由相关的经验公式进行推算。获得的逐时太阳辐射资料，主要用于太阳能利用装置的动态性能分析。若要分析装置的平均性能或者估算有效收益，则需知道某一时间区间的太阳辐射资料，如日平均、月平均或年平均太阳辐射量。

计算月平均日太阳总辐射量的方法很多，目前常用的计算式为

$$\overline{H}_h = \overline{H}_0\left(a + b\frac{\overline{N}}{\overline{N}_0}\right) \tag{1.51}$$

式中，$\overline{H}_h$ 为水平面上月平均日太阳总辐射量，MJ/m^2；$\overline{H}_0$ 为水平面上月平均基础日太阳总辐射量，MJ/m^2；$\overline{N}/\overline{N}_0$ 为日照百分率，$\overline{N}$ 为月平均实际每天日照小时数，由实测可得，$\overline{N}_0$ 为同一时期每天可能的日照小时数月平均值，即月平均日的最大日照小时数，各月平均日的日子数可由表 1-2 获得；a、b 为回归系数，根据实测数据采用最小二乘法求得。

$\overline{H}_0$存在三种不同的选择：①大气层外水平面上月平均日太阳总辐射量，这可将相应的月平均日数据代入式(1.20)计算获得；②晴天水平面上日太阳总辐射量的月平均值，可根据不同纬度的日辐射观测资料来确定；③理想大气中水平面上日太阳总辐射量的月平均值，理想大气是指没有水汽和各种悬浮微粒的大气。针对我国的具体情况，适宜于选用理想大气中的太阳总辐射量。表 1-4 给出了北纬16°～54°地区 1000hPa（1hPa ＝100Pa）等压面高度（相当于海拔 0m）上的理想大气中的月太阳总辐射量。相应地，适用于我国不同地区的回归系数 a 和 b 列于表1-5，回归系数 b 的值和当地的年平均绝对湿度 E_n 有关，有如下关系式：

$$b = 0.55 + \frac{1.11}{E_n} \tag{1.52}$$

表1-4　各纬度1000hPa 等压面高度上理想大气中的月太阳总辐射量 单位：$100\,kW \cdot h/(m^2 \cdot 月)$

纬度	月份											
	1	2	3	4	5	6	7	8	9	10	11	12
16°	2247	2264	2784	2871	3018	2916	3003	2967	2750	2601	2245	2162
18°	2164	2205	2747	2867	3042	2951	3034	2976	2729	2547	2171	2074
20°	2078	2143	2706	2859	3062	2983	3062	2981	2704	2490	2094	1986
22°	1991	2079	2662	2848	3078	3013	3086	2983	2675	2430	2015	1895
24°	1902	2012	2615	2834	3091	3039	3107	2981	2643	2367	1934	1802
26°	1812	1943	2564	2816	3101	3061	3125	2976	2608	2301	1851	1709
28°	1719	1871	2510	2794	3107	3081	3140	2966	2569	2233	1766	1614
30°	1626	1798	2452	2769	3110	3098	3151	2955	2527	2162	1680	1518
32°	1531	1723	2392	2741	3109	3111	3158	2938	2482	2088	1593	1422
34°	1436	1646	2329	2709	3105	3121	3163	2919	2434	2012	1503	1324
36°	1340	1567	2262	2674	3097	3129	3164	2896	2382	1936	1413	1227
38°	1243	1487	2193	2636	3086	3133	3162	2876	2328	1852	1323	1129
40°	1146	1403	2121	2594	3072	3135	3157	2841	2270	1769	1225	1032
42°	1049	1322	2047	2550	3055	3133	3150	2808	2210	1684	1139	935
44°	935	1238	1970	2502	3035	3129	3139	2772	2148	1597	1047	839
46°	857	1154	1891	2452	3012	3122	3125	2734	2093	1510	954	744
48°	762	1068	1809	2398	2986	3113	3109	2692	2014	1420	862	640
50°	668	982	1725	2342	2958	3103	3091	2647	1943	1329	771	559
52°	577	896	1640	2284	2927	3090	3071	2600	1870	1237	681	470
54°	488	810	1552	2222	2894	3076	3049	2551	1795	1145	592	385

表 1-5　各站的系数 *a*、*b* 以及年平均绝对湿度 E_n

站名	a	b	E_n / hPa	站名	a	b	E_n / hPa
海口	0.18	0.61	25.3	峨眉山	0.20	0.76	7.1
广州	0.16	0.63	22.1	西宁	0.18	0.75	6.1
南宁	0.17	0.60	21.5	拉萨	0.29	0.74	5.3
福州	0.15	0.64	19.0	玉树	0.17	0.83	4.8
赣州	0.18	0.61	18.4	那曲	0.17	0.80	3.5
汉口	0.19	0.59	16.8	爱辉	0.15	0.77	6.4
上海	0.18	0.61	16.4	哈尔滨	0.15	0.70	7.8
成都	0.21	0.56	16.4	沈阳	0.17	0.66	9.5
腾冲	0.21	0.62	13.7	二连浩特	0.23	0.64	4.9
郑州	0.19	0.55	12.5	烟台	0.14	0.61	12.0
西安	0.17	0.65	12.4	太原	0.21	0.66	8.9
昆明	0.15	0.67	12.4	民勤	0.17	0.74	5.6
威宁	0.15	0.71	10.6	银川	0.21	0.68	8.2
丽江	0.21	0.66	9.7	昭通	0.16	0.72	10.7
格尔木	0.27	0.63	3.1	喀什	0.33	0.47	6.8
敦煌	0.34	0.49	5.6	乌鲁木齐	0.30	0.49	6.2
库车	0.34	0.49	5.8	吐鲁番	0.39	0.42	7.2
和田	0.34	0.49	6.5	阿勒泰	0.37	0.46	5.5
若羌	0.32	0.49	5.5	哈密	0.39	0.44	5.5

　　对我国 70 个太阳辐射测量站 20 多年的实测数据进行统计，推荐以下计算水平面上月平均日太阳直射辐射量 $\overline{H}_{bh}$ 的计算式：

$$\overline{H}_{bh} = \overline{H}_0 P^m \left(a + b\frac{\overline{N}}{\overline{N}_0} + cX_t \right) \tag{1.53}$$

式中，m 为月平均日正午时的大气质量；X_t 为总云量的百分数，$X_t \leqslant 1$，全天无云，$X_t = 0$，全天有云，$X_t = 1$；a、b、c 为回归系数，按式(1.54)计算：

$$a + b = 1.011, \quad a + c = -0.039 \tag{1.54}$$

$$a = \begin{cases} 0.456, & Z \geqslant 3000 \\ 0.688 - 0.00248F, & Z < 3000, \ E_n \leqslant 10\text{hPa} \\ 0.7023 - 0.01826E_n, & Z < 3000, \ E_n > 10\text{hPa} \end{cases}$$

式中，Z 为当地海拔，m；F 为当地沙暴和浮尘日数之和。

水平面上月平均日太阳散射辐射量 $\overline{H}_{dh}$ 的计算式为

$$\overline{H}_{dh} = K\overline{H}_0\left(a + bX_h + cX_c\right) \tag{1.55}$$

$$K = \frac{4.3}{4 + 0.3(1 - \rho)}$$

式中，X_h、X_c 分别为该月中的高云量和低云量，可从当地气象台站资料中查取；ρ 为自然表面对太阳辐射的反射率，见表 1-3；a、b、c 为回归系数，当地海拔 $Z > 0\,\mathrm{m}$ 时，按式(1.56)计算：

$$a = 0.229 - 0.000026Z \;,\quad b = 0.334 - 0.0159E_n$$

$$c = \begin{cases} -0.0586 - 0.000145Z, & Z < 2000 \\ -0.2420 + 0.000111Z, & Z > 2000 \end{cases} \tag{1.56}$$

根据定义，任意倾斜面上的月平均日太阳总辐射量为

$$\overline{H}_t = \overline{H}_{bt} + \overline{H}_{dt} + \overline{H}_{rt} \tag{1.57}$$

式中，$\overline{H}_t$、$\overline{H}_{bt}$、$\overline{H}_{dt}$、$\overline{H}_{rt}$ 分别为倾斜面上的月平均日太阳总辐射量、直射辐射量、散射辐射量和地面反射辐射量，后三者可分别由水平面上的太阳辐射量与相应的修正因子计算获得。月平均日太阳直射辐射量为

$$\overline{H}_{bt} = \overline{H}_{bh}\overline{R}_b \tag{1.58}$$

式中，修正因子 $\overline{R}_b$ 为任意倾斜面上与水平面上的月平均日太阳直射辐射量之比。假设倾斜面的方位角 $\gamma = 0°$，即面向正南放置，有

$$\overline{R}_b = \frac{\cos(\phi - \beta)\cos\delta\sin\omega_{0t} + \dfrac{\pi}{180}\omega_{0t}\sin(\phi - \beta)\sin\delta}{\cos\phi\cos\delta\sin\omega_0 + \dfrac{\pi}{180}\omega_0\sin\phi\sin\delta} \tag{1.59}$$

式中，ω_0 为月平均日水平面上的日落时角；ω_{0t} 为月平均日倾斜面上的日落时角，它可由式(1.60)决定：

$$\omega_{0t} = \min\left\{ \begin{array}{l} \arccos(-\tan\phi\tan\delta) \\ \arccos\left[-\tan(\phi - \beta)\tan\delta\right] \end{array} \right\} \tag{1.60}$$

倾斜面上的月平均日太阳散射辐射量为

$$\overline{H}_{dt} = \overline{H}_{dh}\overline{R}_d = \overline{H}_{dh}\frac{1 + \cos\beta}{2} \tag{1.61}$$

倾斜面上的月平均日地面反射辐射量为

$$\overline{H}_{rt} = \rho\overline{H}_h\overline{R}_r = \rho\left(\overline{H}_{bh} + \overline{H}_{dh}\right)\frac{1 - \cos\beta}{2} \tag{1.62}$$

1.3.6 晴空指数

衡量天气好坏的指标之一是晴空指数。$\overline{K}_T$ 是月平均的晴空指数，它是水平面上月平均日太阳总辐射量与大气层外水平面上月平均日太阳总辐射量之比，即

$$\overline{K}_T = \frac{\overline{H}_h}{\overline{H}_0} \tag{1.63}$$

相应地，能定义一天、一小时的晴空指数，它是同时段水平面上辐射量与大气层外辐射量之比，即

$$K_T = \frac{H_h}{H_0} \tag{1.64}$$

$$k_T = \frac{I_h}{I_0} \tag{1.65}$$

式中，$\overline{H}_0$、H_h、I_h 是用总辐射仪在水平面上实测获得的辐射量；$\overline{H}_0$、H_0、I_0 可由式(1.20)、式(1.21)计算获得。

一般气象资料中没有月平均日太阳散射辐射量的数据，气象台站通常测量的是水平面上的总辐射量，需要将它分解为相应的直射辐射和散射辐射，然后再转换到倾斜面上。分解方法的实质是在大量统计实验数据的基础上建立散射辐射的百分率与晴空指数之间的相关关系式。

根据观测，对于水平面上月平均日太阳辐射量，其散射辐射与总辐射的比值，跟晴空指数具有如下关系：

$$\frac{\overline{H}_{dh}}{\overline{H}_h} = 1.39 - 4.03\overline{K}_T + 5.53\overline{K}_T^2 - 3.11\overline{K}_T^3 \tag{1.66}$$

这样，由地球水平面上太阳总辐射值与大气层外水平面上太阳总辐射值得到 $\overline{K}_T$，代入式(1.66)计算得到 $\overline{H}_{dh}$，然后可获得水平面上直射辐射量。

对于某日、某小时的散射辐射百分率，与晴空指数有如下关系：

$$\frac{H_{dh}}{H_h} = \begin{cases} 1.0 - 0.2727K_T + 2.4495K_T^2 - 11.9514K_T^3 + 9.3879K_T^4, & K_T < 0.715, \omega_0 \leqslant 81.4° \\ 0.143, & K_T \geqslant 0.715, \omega_0 \leqslant 81.4° \\ 1.0 + 0.2832K_T - 2.5557K_T^2 + 0.8448K_T^3, & K_T < 0.722, \omega_0 > 81.4° \\ 0.175, & K_T \geqslant 0.722, \omega_0 > 81.4° \end{cases} \tag{1.67}$$

$$\frac{I_{dh}}{I_h} = \begin{cases} 1.0 - 0.249k_T, & k_T \leqslant 0.35 \\ 1.557 - 1.84k_T, & 0.35 < k_T < 0.75 \\ 0.177, & k_T \geqslant 0.75 \end{cases} \tag{1.68}$$

把水平面上的总辐射分解成直射辐射和散射辐射两个分量，在太阳能应用中具有实际意义。首先，将水平面的辐射数据转换到倾斜面时，要求对直射辐射和散射辐射作分别处理；其次，在聚光型系统中，散射辐射不能聚焦，只能利用其中的直射辐射。

1.3.7　一天的太阳辐射分布

受大气中气候条件的影响，通过太阳辐射测量仪器测得的任何一天的太阳辐射分布都是不同的，但不是说一天中的太阳辐射分布就没有规律，人们总是千方百计地研究符合实际情况的计算方法，用来指导工程应用。

假设某日是中等天气，即处于晴天和全阴之间，若想从全天总辐射量推算每小时的辐射量就很难，因为中等天气可由各种天气情况形成。例如，一天中曾出现过间歇性的浓云，或者连续的淡云，总辐射量可以相同，但每小时的辐射量可能差别很大。不过在晴天条件下，情况就相对简单，下面介绍的方法是统计了许多气象站的数据，用全天总辐射量的数据来推算每小时的辐射量。

在缺乏当地每小时实测值的情况下，任意一天中的小时总辐射量与全天总辐射量之比可由如下关系计算：

$$\begin{cases} r_{\mathrm{t}} = \dfrac{I_{\mathrm{h}}}{H_{\mathrm{h}}} = \dfrac{\pi}{24}(a + b\cos\omega)\dfrac{\cos\omega - \cos\omega_0}{\sin\omega_0 - \left(\dfrac{2\pi\omega_0}{360°}\right)\cos\omega_0} \\ a = 0.409 + 0.5016\sin(\omega_0 - 60°) \\ b = 0.6609 - 0.4767\sin(\omega_0 - 60°) \end{cases} \tag{1.69}$$

式中，r_{t} 为水平面上小时总辐射量与全天总辐射量的比值；ω 为该小时对应时角；ω_0 为当天日落时角；a、b 为系数。

任意一天中的小时散射辐射量与全天散射辐射量之比，可由以下关系式给出：

$$r_{\mathrm{d}} = \frac{I_{\mathrm{dh}}}{H_{\mathrm{dh}}} = \frac{\pi}{24}\frac{\cos\omega - \cos\omega_0}{\sin\omega_0 - \dfrac{2\pi\omega_0}{360°}\cos\omega_0} \tag{1.70}$$

1.4　太阳能资源

1.4.1　太阳能的特点

与其他能源相比，太阳能具有以下几个特点。

1) 太阳能的广泛性

无论在哪个地方，只要阳光照射到那里，就可以收集和利用太阳能。地球表面任意位置都可能获得太阳能，其分布广泛、易于获取。特别适合在山区、沙漠、海岛等偏远地区使用。

2）太阳能的清洁性

使用化石能源会产生大量的污染物和温室气体，对环境和人类健康造成巨大危害。而太阳能利用不会产生二氧化碳、二氧化硫、氮氧化物等有害气体，没有严重的空气或水污染问题；也不会产生噪声，对周边环境没有声音污染。太阳能是一种可持续、无污染的清洁能源，可以有效地减少碳排放，保护环境和人类健康。

3）太阳能的分散性

日地距离遥远，且太阳辐射到达地表时会受到大气层的吸收和散射，导致单位面积上的辐照能量很少。为了充分利用低密度的太阳能，通常需要使用具有大采光面积、朝向太阳并设置倾斜角的太阳能装置来进行收集和利用。

4）太阳能的间歇性

由于地球自转导致昼夜现象，白天有阳光照射，晚上无法获取阳光，太阳能存在间歇性。另外，日地相对位置在不断变化，再加上气象的变化，一天内太阳辐照度变化很大，因此太阳能利用具有较大随机性。为了稳定输出，太阳能利用装置通常需要配置储能装置或常规辅助能源。

5）太阳能的地区性

太阳能普遍存在，但不同地区可能接收到的太阳能却相差很大。辐射到地球表面的太阳能随地点不同而有所变化，不仅与当地的地理纬度相关，还与当地的大气透明度和气象变化等诸多因素有关。

6）太阳能的永久性

据推算太阳寿命总共约为 100 亿年，目前太阳约为 46 亿岁，因此太阳的寿命还有 54 亿年，可以认为太阳能是永久性能源。

总的来说，利用太阳能有优点，也有弊端，因此在考虑太阳能利用时，不仅要从技术方面考虑，还应从经济、环境保护、生态等方面综合考虑。

1.4.2　我国太阳辐射资源情况

我国是太阳能资源丰富的国家之一，全国总面积 2/3 以上地区年日照时数大于 2000h，年辐射量在 $5000MJ/m^2$ 以上。据统计资料分析，中国陆地面积每年接收的太阳辐射总量相当于 $2.4×10^4$ 亿 tce（1tce=1t 标准煤当量）。我国太阳能资源分布的主要特点是，高原大于平原、内陆大于沿海、气候干燥区大于气候湿润区。太阳能资源的高值中心和低值中心都处于北纬22°～35°这一带，青藏高原是高值中心，四川盆地是低值中心；对于太阳年辐射量，西部地区高于东部地区，而且除西藏和新疆外，由于南方多数地区云多雨多，基本是南部低于北部。在北纬

30°~40° 地区，与一般的太阳能随纬度变化规律相反，太阳能随着纬度升高而增长。

太阳辐射量可以用辐射仪器观测得到，也可以根据气象台站多年资料间接计算。国家气象台站包括气候观测站、地面天气观测站、高空观测站、太阳辐射观测站、天气雷达观测站等各种类型的观测站。其中太阳辐射观测站共98个，包括一级站17个，观测项目为总辐射、直射辐射、散射辐射、净辐射和反射辐射五项；二级站33个，观测项目为总辐射和净辐射两项；三级站48个，仅观测总辐射一项。这些观测站成立时间大部分为20世纪50年代末，观测资料大部分有60年以上的数据，但中间曾有过部分站点及观测项目调整，加上气象站移址、扩建等诸多因素，导致少部分观测站的数据有中断现象。由于我国幅员辽阔，太阳辐射观测站相对稀少，因此在实际应用中常常缺少长期观测资料，有时只能通过短期测量和半经验半理论的方法计算得到，或者根据较近处的气象资料推导得出。而评估不同地区太阳辐射能的分布，对太阳能的开发和利用是十分必要的。

根据国标《太阳能资源评估方法》（GB/T 37526—2019），可以采用年太阳总辐射量、稳定度和直射比这三个指标对太阳能资源进行分级。

按照水平面上年太阳总辐射量的大小划分，可分为四级，如表1-6所示。其中 A 级地区年太阳总辐射量 $H \geqslant 6300 \mathrm{MJ/m^2}$，主要包括内蒙古额济纳旗以西、甘肃酒泉以西、青海东经 100°以西大部分地区、西藏东经 94°以西大部分地区、新疆东部边缘地区、四川甘孜部分地区，是中国太阳能资源最丰富的地区；B 级地区，即资源很丰富区，主要包括新疆大部、内蒙古额济纳旗以东大部、黑龙江西部、吉林西部、辽宁西部、河北大部、北京、天津、山东东部、山西大部、陕西北部、宁夏、甘肃酒泉以东大部、青海东部边缘、西藏东经 94°以东、四川中西部、云南大部、海南等地区；C 级地区，为资源丰富区，包括内蒙古北纬 50°以北、黑龙江大部、吉林中东部、辽宁中东部、山东中西部、山西南部、陕西中南部、甘肃东部边缘、四川中部、云南东部边缘、贵州南部、湖南大部、湖北大部、广西、广东、福建、江西、浙江、安徽、江苏、河南等地区；D 级地区，是

表1-6 年太阳总辐射量等级

等级名称	等级符号	年太阳总辐射量/($\mathrm{MJ/m^2}$)	年太阳总辐射量/($\mathrm{kW \cdot h/m^2}$)
最丰富	A	$H \geqslant 6300$	$H \geqslant 1750$
很丰富	B	$5040 \leqslant H < 6300$	$1400 \leqslant H < 1750$
丰富	C	$3780 \leqslant H < 5040$	$1050 \leqslant H < 1400$
一般	D	$H < 3780$	$H < 1050$

资源一般区，主要包括四川东部、重庆大部、贵州中北部、湖北东经 110°以西、湖南西北部等地区，此区是我国太阳能资源最少的地区，但若能因地制宜，采用适当的方法和装置，仍有一定的利用价值。

评估太阳能资源除了年太阳总辐射量指标外，还要考虑到在不同月份的太阳能辐射变化情况。用 R_W 表示水平面总辐射量稳定度。计算 R_W 时，采用代表年的各月数据，首先计算各月平均日水平面总辐射量，然后求最小值与最大值之比。按照稳定度也可将太阳能资源划分为四个等级，如表 1-7 所示。稳定度是对当地太阳能资源全年变化幅度大小的度量，数值越大，说明太阳能资源全年越稳定，就越有利于太阳能资源的利用。

表 1-7　水平面总辐射稳定度等级

等级名称	等级符号	稳定度
很稳定	A	$R_W \geqslant 0.47$
稳定	B	$0.36 \leqslant R_W < 0.47$
一般	C	$0.28 \leqslant R_W < 0.36$
欠稳定	D	$R_W < 0.28$

在太阳能资源利用方面，直射辐射和散射辐射的利用是不同的，在不同气候类型地区，直射辐射占总辐射的比例有明显差异，不同地区应根据主要辐射形式的特点进行开发利用。直射比 R_Z 可用来表征这一差异，定义为直射辐射占总辐射的比值。计算直射比时，采用代表年辐射数据，首先计算年水平面直射辐射量和总辐射量，然后求二者之比。按照直射比指标，可将全国太阳能资源分为四个等级，如表 1-8 所示。

表 1-8　太阳能资源直射比等级

等级名称	等级符号	直射比	等级说明
很高	A	$R_Z \geqslant 0.6$	直射辐射主导
高	B	$0.5 \leqslant R_Z < 0.6$	直射辐射较多
中	C	$0.35 \leqslant R_Z < 0.5$	散射辐射较多
低	D	$R_Z < 0.35$	散射辐射主导

第2章 光伏发电原理、电池与组件

光伏发电是利用光生伏特效应将太阳能直接转变为电能的一种技术，这种技术的关键元件是光伏电池。光伏电池经过串并联后进行封装保护，可形成大面积大功率的光伏组件。本章介绍光伏发电的原理、光伏电池与光伏组件。

2.1 PN 结

2.1.1 半导体材料

晶格完整且不含杂质的半导体称为本征半导体。

纯净的硅是一种本征半导体，其导带电子和价带空穴由本征激发产生，浓度相同。在纯净硅半导体中掺杂少量的施主杂质，如五价磷元素(P)，如图 2-1(a)所示，施主杂质电离后形成正电中心，并释放出一个或多个导带电子，导带电子(多子)浓度高于价带空穴(少子)浓度，称这种半导体为电子型半导体或 N 型半导体。如果在本征硅半导体中掺杂少量的受主杂质，如三价硼元素(B)，如图 2-1(b)所示，受主杂质电离后形成负电中心并产生一个或多个价带空穴，价带空穴(多子)浓度高于导带电子(少子)浓度，这种半导体称为空穴型半导体或 P 型半导体。

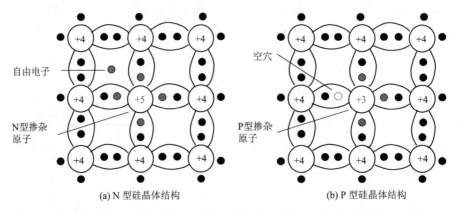

(a) N 型硅晶体结构　　　　　　　(b) P 型硅晶体结构

图 2-1　N 型和 P 型硅晶体结构

2.1.2 载流子的运动

半导体中的导电机构包括导带电子和价带空穴，统称为载流子，其运动方式有漂移运动和扩散运动。

半导体中的载流子在外加电场的作用下，按照一定的方向运动，并形成电流。这种定向运动称为漂移运动，形成的电流称为漂移电流。由于导带电子带负电，导带电子的漂移运动方向和外电场方向相反，其漂移电流方向和漂移运动方向相反；价带空穴带正电，价带空穴的漂移运动方向和外电场方向相同，其漂移电流方向和漂移运动方向相同。漂移电流的大小与载流子浓度和漂移速度相关。漂移速度依赖于电场强弱和载流子的迁移率。迁移率指单位场强下载流子的平均漂移速度，与材料、温度、掺杂情况等因素相关。在室温附近，温度越高，杂质掺杂越多，迁移率越低。另外，同一材料中电子迁移率和空穴迁移率也略有不同。

扩散运动是半导体内载流子浓度不均匀，由于微观粒子的无规则热运动，引起载流子从浓度高区域向浓度低区域迁移的运动，完全由浓度不均匀所引起。只要存在载流子浓度差就会出现扩散运动。载流子的扩散运动会产生扩散电流，电子扩散电流方向和扩散运动方向相反，空穴扩散电流方向和扩散运动方向相同。扩散电流的大小和载流子浓度梯度成正比。

2.1.3 PN 结的形成

如果把一块 P 型半导体和一块 N 型半导体结合在一起，两者交界处就形成了PN 结(图 2-2)。N 型半导体中电子浓度较高，电离施主与少量空穴所带正电荷严格平衡电子所带负电荷。P 型半导体中空穴浓度较高，电离受主和少量电子所带负电荷严格平衡空穴所带正电荷。因此，结合前的 N 型半导体和 P 型半导体呈电中性。两者结合形成 PN 结后，在交界处 N 区侧电子浓度高，P 区侧空穴浓度高，存在浓度梯度。因此出现电子从 N 区到 P 区，空穴从 P 区到 N 区的扩散运动。扩散运动导致交界区的电中性被破坏，N 区侧电子离开后，留下了不可移动的带正电的电离施主，形成正电荷区；P 区侧空穴离开后，留下了不可移动的带负电的电离受主，形成负电荷区。电离施主和电离受主所带电荷称为空间电荷，PN 结两侧正、负电荷区统称为空间电荷区。空间电荷区载流子浓度极低，电阻很大，也称为耗尽区、势垒区。

空间电荷区内，由于电荷分布不均匀，产生了一个由正电荷区(N 区)指向负电荷区(P 区)的电场，称为内建电场。在内建电场的作用下，载流子做漂移运动。其中，电子由 P 区向 N 区漂移，空穴由 N 区向 P 区漂移。漂移运动方向和扩散运动方向相反，即内建电场阻碍了电子和空穴的扩散运动。

随着扩散的进行，空间电荷增多，空间电荷区扩大，内建电场增强，漂移运动增强。无外加电压时，扩散运动和漂移运动最终达到动态平衡，扩散电流和漂移电流大小相等方向相反，PN 结结区无净电流。此时，空间电荷区不再增大，两

端电势差 V_D 为接触电势差，PN 结达到热平衡状态(图 2-2(b))。

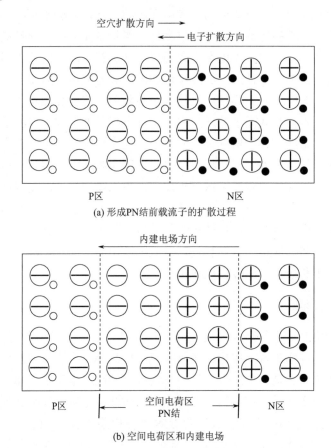

(a) 形成PN结前载流子的扩散过程

(b) 空间电荷区和内建电场

图 2-2 PN 结的形成

2.1.4 PN 结的导电特性

在 PN 结两端加上正向偏压，即 P 区接电源正极，N 区接电源负极(图 2-3(a))。外加偏压基本降落在势垒区，在势垒区产生与内建电场方向相反的电场，减弱了势垒区的电场强度，使空间电荷区收缩，削弱了载流子的漂移运动，破坏了扩散运动和漂移运动之间的动态平衡，形成了电子由 N 区向 P 区、空穴由 P 区向 N 区的净扩散流，即 P 区流向 N 区的净电流。随着正向偏压的增大，内建电场被进一步减弱，P 区流向 N 区的净电流也进一步增大。

在 PN 结两端加上反向偏压，即 N 区接电源正极，P 区接电源负极(图 2-3(b))。此时，势垒区的外加电场和内建电场方向相同，势垒区电场增强，空间电荷区扩大，漂移电流增强，形成由 N 区流向 P 区的净电流。但是，在 N 区，空穴为少子，在 P 区，电子为少子，少子浓度较低，且随外加电压的变化很小。因此，在反向偏压下，PN 结的净电流较小且趋于不变。以上结论可写成理想 PN 结模型的电流-电压方程式（肖克莱方程式）：

$$I = I_S \left[\exp\left(\frac{qV}{\kappa_0 T} \right) - 1 \right] \tag{2.1}$$

式中，I_S 为反向饱和电流；q 为电子电量；V 为 PN 结外加电压；κ_0 为玻尔兹曼常量；T 为热力学温度。

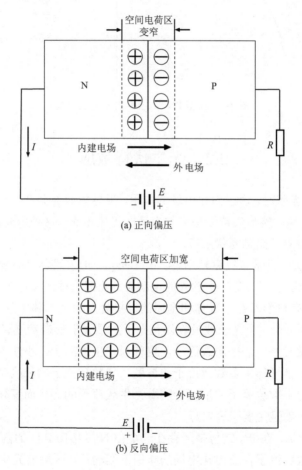

(a) 正向偏压

(b) 反向偏压

图 2-3　PN 结单向导电特性

综上所述，可以得到如图 2-4 所示的 PN 结电流-电压特性曲线。在 PN 结上加正向电压时，随着正向电压的增加，电流迅速增大；在 PN 结上加反向电压时，在电压较小时，反向电流很小，且基本不随电压变化，反向电压达到击穿电压时，反向电流突然增加。以硅基 PN 结为例，正向电压通常为 0.7～1V，击穿电压的大小取决于掺杂浓度以及器件的其他参数，其值为几伏到几千伏。

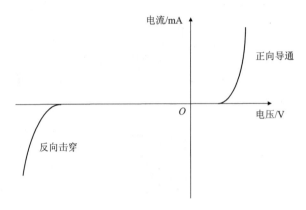

图 2-4　典型 PN 结电流-电压特性曲线

2.2　光生伏特效应

PN 结在有光照时，由于内建电场的作用，半导体内部会产生电动势即光生电压。配合外部电路，能形成持续稳定的电流即光生电流。这种由光照引起的现象，称为光生伏特效应，简称光伏效应。

1839 年，法国科学家贝克勒尔(A. E. Becquerel)发现将两片金属片浸入溶液后，在受到阳光照射时，会产生额外的电动势。他把这种现象称为光生伏特效应。到 1883 年，又有科学家在半导体和金属的连接处发现了固体中的光生伏特效应。

在 PN 结中，当一个光子被吸收，且光子能量大于禁带宽度时，能产生电子-空穴对，即光激发产生非平衡载流子，也称为光生载流子。小注入下，光生载流子的浓度远小于半导体中多数载流子的浓度，多数载流子的浓度基本不受光生载流子的影响，但少数载流子的浓度会随着光生载流子的变化而变化。因此，光生少数载流子的运动是主要研究对象。

如图 2-5 所示，在 PN 结势垒区存在一个由 N 区指向 P 区的内建电场。PN 结两边的光生少数载流子在该内建电场的作用下运动：P 区侧的光生电子，由 P 区向 N 区漂移，N 区侧的光生空穴，由 N 区向 P 区漂移。这种运动带来的结果是：P 区侧累积正电荷，电势升高；N 区侧累积负电荷，电势降低；PN 结两端形成电势差，即光生电动势。以上现象称为光生伏特效应。当有持续稳定的光照，且接通外电路时，光生载流子的持续漂移形成光生电流，该电流由 N 区流向 P 区。

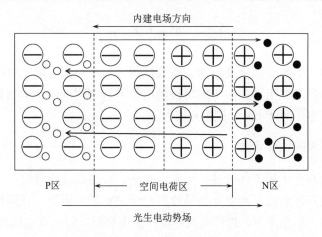

图 2-5　光生伏特效应

2.3　光　伏　电　池

2.3.1　光伏电池的电流-电压特性

将 PN 结放入回路中，在有持续光照时，PN 结能源源不断地提供电流，相当于一个电源。因此，经由一定的工艺制备得到的含有 PN 结的各种器件所形成的电源称为光伏电池。

有光照时，PN 结内将产生一个由少子漂移形成的附加电流(光生电流)I_P，其方向与反向饱和电流相同；在光生电动势 V 作用下，PN 结内有正向电流 I_F，根据式(2.1)可知

$$I_F = I_S \left[\exp\left(\frac{qV}{\kappa_0 T} \right) - 1 \right] \tag{2.2}$$

接通外电路后，流经负载的电流为 I，且

$$I = I_P - I_F = I_P - I_S \left[\exp\left(\frac{qV}{\kappa_0 T} \right) - 1 \right] \tag{2.3}$$

若将外电路短路，即 $V = 0$，此时流经外电路的电流 I_{SC} 为短路电流，根据式(2.3)可知

$$I_{SC} = I_P \tag{2.4}$$

即短路电流等于光生电流。

若将外电路开路，即 $I = 0$，此时光伏电池两端电压为开路电压 V_{OC}，根据式(2.3)可知

$$V_{\text{OC}} = \frac{\kappa_0 T}{q} \ln\left(\frac{I_{\text{P}}}{I_{\text{S}}} + 1\right) \tag{2.5}$$

短路电流一般随光照强度的增大而线性增大，开路电压随光照强度的增大而对数式增大。当光生电动势与 PN 结接触电势差 V_{D} 相当时，PN 结势垒消失。因此，最大开路电压等于 PN 结接触电势差。

2.3.2 光伏电池的性能参数

光伏电池存在 4 种工作状态：无光、开路、短路以及带负载。

无光指没有光照时，光伏电池等效为一个 PN 结二极管。开路指光伏电池两端无任何连接，在光照下，光伏电池两端产生电势差，即开路电压 V_{OC}，P 端电势高于 N 端电势。短路指光伏电池两端由导线直接连接，在光照下，导线内有电流，即短路电流 I_{SC}。带负载指光伏电池两端经过负载后连接，有光照时，有电流 I 流过负载，负载两端可测得电压 V。电流大小与光照强弱、负载大小等有关。如果改变负载大小，可得到一系列的电流 I 和电压 V。以电流为纵轴，电压为横轴，可得到光伏电池的伏安特性曲线(图 2-6)。

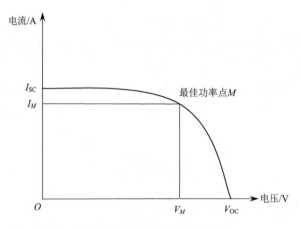

图 2-6　伏安特性曲线示例

由光伏电池的伏安特性曲线可获得主要性能参数如下。

开路电压 V_{OC}：光伏电池开路时测得的最大电压，即伏安特性曲线和电压轴的交点。

短路电流 I_{SC}：光伏电池短路时的最大电流，即伏安特性曲线和电流轴的交点。

最佳输出功率 P_M：伏安特性曲线上功率最大的点。

最佳输出电压 V_M：最佳功率点电压。

最佳输出电流 I_M：最佳功率点电流。

基于以上参数，可进一步求出该光伏电池的填充因子 FF 和光电转换效率 η，分别为

$$FF = \frac{I_M \cdot V_M}{I_{SC} \cdot V_{OC}} \tag{2.6}$$

$$\eta = \frac{I_M \cdot V_M}{G \cdot S} \tag{2.7}$$

式中，G 为光照强度；S 为光伏电池有效受光面积。

由图 2-6 可知，开路电压和短路电流的乘积构成的矩形面积，是光伏电池可能产生的功率极值；而最佳输出电压和最佳输出电流的乘积构成的矩形面积，是光伏电池可以产生的最大功率。填充因子为两块面积的比值，反映了光伏电池输出的最大功率占最大可能输出功率的比例。因此，填充因子越大，光伏电池的输出电功率就越高。光电转换效率指在外部回路上连接最佳负载电阻时的最大能量转换效率。在光照强度相同、光伏电池有效受光面积相同时，光伏电池的输出功率越大，发出的电能越多，光伏电池的转换效率越高。

2.3.3　晶体硅光伏电池

根据形成 PN 结的材料，光伏电池可以分为晶体硅光伏电池和薄膜光伏电池两大类。

晶体硅光伏电池是在 P 型片状晶体硅材料表面制备 N^+ 层形成 PN 结，或者在 N 型片状晶体硅材料表面制备 P^+ 层形成 PN 结，然后在硅片上下表面引出电极。工业生产中 PN^+ 型光伏电池更为常见，下面以 PN^+ 型光伏电池为例进行分析。

如图 2-7 所示，晶体硅光伏电池的结构中从正面到背面主要包含以下几个部分：栅线电极、减反射膜、扩散区、基区和背电极。栅线电极是正面电极，用于收集光生电流，作为电源负极。由于要尽量减少遮光面积，正面电极做成栅线形

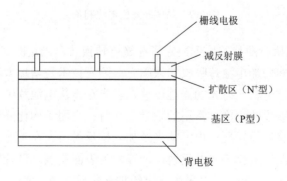

图 2-7　晶体硅光伏电池剖面示意图

式，包含较粗的母栅和较细的子栅。减反射膜主要用于增透减反，提高太阳光的吸收率。扩散区是掺有较高浓度施主杂质的 N 型半导体层。基区是掺杂浓度较低的 P 型半导体层。背电极也用于收集光生电流，由于没有透光要求，背面电极往往做成层状，是电源的正极。

根据基区材料结晶方式的不同，晶体硅光伏电池分为单晶硅光伏电池和多晶硅光伏电池。两者有相同之处，也有区别。图 2-8 为典型的晶体硅光伏电池片，从外观上可以直接区分单晶硅光伏电池和多晶硅光伏电池。一般来说，单晶硅光伏电池为圆角，色泽较为统一；多晶硅光伏电池为直角，减反射膜下的硅片呈现不规则的色块和晶界等，颜色不均匀。除外观上的不同外，单晶硅光伏电池和多晶硅光伏电池的制备工艺也略有区别。

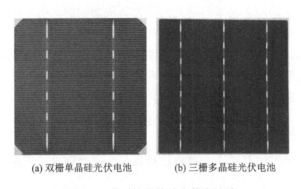

(a) 双栅单晶硅光伏电池　　　　　(b) 三栅多晶硅光伏电池

图 2-8　典型的晶体硅光伏电池片

工业生产中，在硅片基础上制备晶体硅光伏电池片包含制绒、扩散、刻蚀、镀膜、制备电极等一系列工序(图 2-9)。

图 2-9　晶体硅光伏电池制备

(1)制绒。光伏电池片的原理决定了在光电转换效率确定的情况下，想要增加电能的输出，只能增加电池片吸收的太阳光。陷光技术是增加太阳光吸收的有效方法，该方法通过延长入射光的光程，使入射光在光伏电池片中产生多次反射，增加光被作用层吸收的程度。常用的陷光方法有：表面织构化降低反射、利用高反射率材料来当底层反射层、内部陷光及加入抗反射层。在工业化生产中，采用最多的是通过表面织构化来降低反射，一般称为表面制绒。硅片原料的表面是平坦的镜面，其反射率较高。可以采用一定的物理化学方法，增加表面的粗糙程度，当入射光照射到具有一定角度的斜面并反射后，反射光线照射到另一斜面上，形成二次吸收甚至是多次吸收(图 2-10)，增加总的太阳光吸收效率。目前，硅片表面织构化的方法主要有机械刻槽、激光刻槽、反应离子体刻蚀、化学腐蚀制绒等。

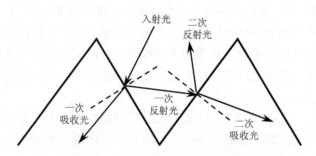

图 2-10　织构化表面陷光示意图

另外，硅片在切割过程中，表面会形成厚度达 10μm 的损伤层。损伤层中的微裂纹在后续工序的高温处理过程中，可能向硅片深处扩散，影响电池片性能。硅片在生产过程中，其表面也有可能粘上油污等。这些表面的缺陷需要在后续工序之前得到适当的处理。将损伤层腐蚀掉是最简单的处理方法，且可以和化学腐蚀制绒过程整合到一起。因此基于工艺程序的难易程度和成本控制，化学腐蚀制绒在大规模工业生产中得到了广泛的应用。

单晶硅片主要利用其在碱液中的各向异性腐蚀来实现制绒。一般来说，晶面间的共价键密度越高，腐蚀难度越大。单晶硅在合适的条件下，(100)面的腐蚀速度要高于(111)面的腐蚀速度，甚至可达十倍，腐蚀形成的各个表面均为(111)面的金字塔微结构，如图 2-11 所示。

(a) 正面　　　　　　　　　　　　　　(b) 侧面

图 2-11　单晶硅片绒面 SEM 形貌图

不同于单晶硅片，多晶硅片的制绒是通过酸腐蚀来实现的。一般认为，多晶硅片的酸腐蚀过程分两步走。首先是 Si 的氧化过程：利用强氧化剂，如硝酸等强酸实现多晶硅的氧化，在此过程中，氧化产物 SiO_2 形成致密的氧化层，隔离硝酸和 Si，导致反应停止。其次是 SiO_2 的溶解过程：通常用氢氟酸与 SiO_2 反应生成可溶解的 H_2SiF_6，SiO_2 层溶解后，硝酸和 Si 的反应继续进行。

（2）扩散。扩散（或扩散制结）是在硅片表面生成与硅片本身导电类型不一样的扩散层，形成 PN 结。扩散从微观上来说，指构成物质的微粒（原子、分子、离子）通过热运动而产生的物质迁移现象；从宏观上来说，指物质的定向移动。扩散过程最主要的决定性因素是物质流量和浓度梯度，扩散速度与这两者呈正比关系。另外，温度越高，扩散速度越快；材料原子结构越致密、结合力越强，扩散速度越慢；材料缺陷越多，扩散越容易。

在光伏电池工业化生产中采用的扩散方法有很多种，主要有涂布源扩散、固态源扩散和液态源扩散。目前工业生产中普遍采用掺硼的 P 型硅片为衬底，通过三氯氧磷液态源扩散获得 N 型重掺杂层，在交界面处形成 PN 结。

三氯氧磷（$POCl_3$）在温度较高时（>600℃）会分解形成五氯化磷（PCl_5）和五氧化二磷（P_2O_5）。五氧化二磷在扩散温度下与硅反应，生成二氧化硅（SiO_2）和磷原子。但是，三氯氧磷在没有氧气参与的条件下是不能完全分解的，生成的产物五氯化磷不易分解且对硅表面有腐蚀作用，会破坏硅的表面状态。在富氧条件下，五氯化磷会进一步分解成五氧化二磷同时放出氯气。生成的五氧化二磷进一步与硅反应，提供磷原子。

（3）刻蚀。硅片经过扩散工序后，一个表面和四个侧面都形成了反型层。侧面反型层的存在会导致电池正负极之间漏电、短路进而失效。首先，扩散工序会在硅片表面形成一层磷硅玻璃（PSG）。磷硅玻璃的存在使得硅片暴露在空气中时容易受潮，导致电流的降低和功率的衰减；其次，磷硅玻璃会增加发射区电子的负荷，降低少子寿命，进而降低开路电压和短路电流；最后，磷硅玻璃会导致等离子增强化学气相沉积（plasma enhanced chemical vapor deposition，PECVD）镀膜后产生色差。因此，硅片四周的反型层和磷硅玻璃需要清除掉，工业上称为刻蚀和去 PSG。

刻蚀可分为干法刻蚀和湿法刻蚀。干法刻蚀也叫等离子刻蚀，采用高频辉光放电反应，使反应气体激活成活性粒子，扩散到需要刻蚀的部位，与被刻蚀材料进行反应，形成挥发性生成物而被去除。干法刻蚀的优势在于在较快的刻蚀速率下得到良好的物理形貌（各向同性）。干法刻蚀效果如图 2-12（a）所示。湿法刻蚀采用强氧化性的 HNO_3，将硅片氧化成 SiO_2，然后利用 HF 去除。在生产中，往往会在反应溶液中添加硫酸（H_2SO_4），增加表面张力，有利于硅片浮在液面上。硅片表面的磷硅玻璃具有较强的亲水性，溶液在毛细作用下，能爬升到硅片侧壁甚至正面，腐蚀掉溶液覆盖位置的硅。湿法刻蚀后硅片示意图如图 2-12（b）所示。

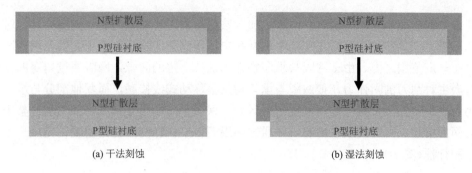

(a) 干法刻蚀   (b) 湿法刻蚀

图 2-12 刻蚀效果示意图

(4) 镀膜。制备光伏电池的硅材料纯度相比集成电路用硅材料的纯度低、价格便宜。但是，这种材料中存在大量的杂质和缺陷，在晶体硅的能带中引入深能级，导致复合中心增多，少子寿命降低，最终影响电池的转换效率。氢原子能够以多种渠道进入晶体硅，与杂质或硅悬挂键相结合，钝化杂质和缺陷的电活性，增加少子寿命，有效提高电池的转换效率。

另外，为了增加太阳光的吸收，在电池表面镀减反射膜，实现增透减反。如图 2-13 所示，入射光分别在膜的上、下两个表面发生反射，如果这两束反射光相消干涉，反射光几乎没有，入射光全部透射进电池表面；如果这两束反射光相长干涉，则有较强的反射光，透射光较弱。可以通过调节减反射膜的厚度和折射率来改变两束反射光的光程差，实现相消干涉，增强透射光。

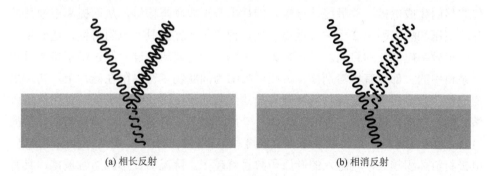

(a) 相长反射   (b) 相消反射

图 2-13 减反射膜原理示意图

最后，表面镀膜能够保护电池扩散层。采用 PECVD 制备富氢的 SiN_x 薄膜能够同时完成镀膜和钝化，在工业生产中得到广泛采用。

(5) 制备电极，一般采用丝网印刷。丝网印刷包含两个过程：印刷和烧结。印刷是指将金属导体浆料按照所设计的图形，通过刮刀挤压漏印在 PECVD 镀膜后合格的硅片正面、背面，利用网版图文部分网孔透墨、非图文部分网孔不透墨的基本原理进行印刷。印刷时在网版上加入浆料，刮刀对网版施加一定压力，同时朝网版另一端移动。浆料在移动中从网孔中挤压到承印物上，由于黏性作用而固着在一定范围之内。由于网版与承印物之间保持一定的间隙，网版通过自身的张力产生对刮刀的回弹力，使网版与承印物只呈移动式线接触，而其他部分与承印物为脱离状态，浆料与丝网发生断裂运动，保证了印刷尺寸精度。刮刀刮过整个版面后抬起，同时网版也抬起，并通过回墨刀将浆料轻刮回初始位置，完成一个印刷行程(图 2-14)。

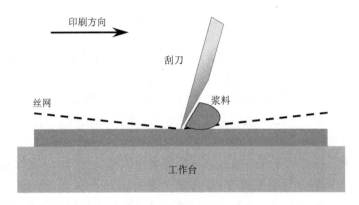

图 2-14　丝网印刷原理示意图

印刷在硅片上的浆料含有很多有机溶剂，要进一步通过烧结去除有机溶剂，使浆料固化成电极，并最终使电极和硅片本身形成欧姆接触，从而提高电池片的开路电压和填充因子 2 个关键性能参数，使电极的接触具有电阻特性，达到生产高转换效率电池片的目的。具体来说：印刷了导电浆料的硅片经过烘干排焦过程后浆料中的大部分有机溶剂挥发，膜层收缩为固状物紧密黏附在硅片上，初步形成电极。当电极里的金属材料和硅片加热到共晶温度时，硅原子以一定比例融入熔融的合金电极材料中，形成共熔体。硅原子融入浆料金属中一般只需要几秒的时间，融入的硅原子数目取决于合金温度和电极材料的体积，烧结合金温度越高，电极材料体积越大，则融入的硅原子数目就越多。降温后，形成熔融玻璃，具有良好的欧姆接触。

2.3.4　薄膜光伏电池

薄膜光伏电池是一类以半导体薄膜技术为基础，具有低成本、低效能、柔性、质量轻、工艺相对简单等特点的光伏电池。根据半导体薄膜的材料，薄膜光伏电池可以分为硅基薄膜光伏电池、铜铟镓硒薄膜光伏电池、砷化镓薄膜光伏电池、碲化镉薄膜光伏电池、染料敏化薄膜光伏电池等。

　　硅基薄膜光伏电池是指由硅与其他元素构成合金的各种晶态(如多晶、微晶)和非晶态薄膜所制成的光伏电池,主要包括非晶硅薄膜光伏电池、多晶硅薄膜光伏电池和微晶硅薄膜光伏电池等。

　　以非晶硅薄膜光伏电池为例,其结构如图 2-15 所示。相比于晶体硅光伏电池的 PN 结,非晶硅薄膜光伏电池主要采用 P-I-N 结构或 N-I-P 结构。这是由于非晶硅材料内部含有较多的晶体缺陷,由非晶硅材料制成的 PN 结内非平衡载流子扩散长度较小,寿命较短,因此光照时光电导不明显,几乎无法有效收集光生载流子。另外,轻掺杂的非晶硅的费米能级移动较小,若制备 PN 结的 P 型材料和 N 型材料均为轻掺杂或者其中之一为重掺杂,则形成 PN 结的能带弯曲较小,光伏电池的开路电压受到限制;如果直接用重掺杂的 P⁺ 和 N⁺ 材料制备 PN 结,由于重掺杂非晶硅材料中各类缺陷较多,非平衡载流子寿命较短,光伏电池的性能较差。为了改善这个状况,通常在两个重掺杂层中间沉积一层本征非晶硅层(简称本征层)作为有源区(光生载流子的产生区),将 PN 结改进为 P-I-N 结构或 N-I-P 结构。在这种结构中,重掺杂的 P⁺ 和 N⁺ 层在电池内部形成内建电场,能有效分离本征非晶硅层产生的光生载流子。这种将光伏电池不同功能区分离的方法,能最大限度地发挥非晶硅材料的优点,从而提高电池的效率。

(a) P-I-N结构　　　　　　　(b) N-I-P结构

图 2-15　非晶硅薄膜光伏电池结构示意图

　　P-I-N 结构(图 2-15(a))是在透光衬底上依次沉积 P⁺ 层、I 本征层和 N⁺ 层。由于半导体层几乎没有横向导电能力,因此在衬底之上预先沉积一层透明导电氧化物(TCO)。常用的 TCO 材料有氧化铟锡(ITO)、氟掺杂氧化锡(FTO)、铝掺杂氧化锌(AZO)等。背电极通常采用金属银(Ag)膜或者铝(Al)膜。为了提高光在电池底部的随机散射，往往会在 N^+ 层和背电极之间加入一层氧化锌(ZnO)薄膜，其粗糙表面能有效增加光的散射，另外，也可以阻挡背电极的金属离子扩散到半导体层中。

N-I-P 结构(图 2-15(b))是在衬底上依次沉积 N^+ 层、I 本征层和 P^+ 层。衬底没有透光要求，因此可选用的材料非常多，如不锈钢、塑料等。背电极采用金属银(Ag)膜或者铝(Al)膜，顶电极由 TCO 层和金属栅线组成，保证了透光性。

硅基薄膜光伏电池材料多、成本低、弱光性能好、应用范围广，但是存在光劣化现象，即光致衰减(Staebler-Wronski)效应。该效应导致硅基薄膜光伏电池在工作数百小时后，转换效率出现明显下降。这是由于光照导致一些键能较低的硅原子共价键逐渐断裂，悬挂键数量逐渐增多，光生载流子的收集效率逐渐降低。对已经发生光劣化的电池进行适当的退火处理后，能基本恢复原有转换效率。

铜铟镓硒(CIGS)薄膜光伏电池中的 CIGS 由铜铟硒(CIS)发展而来，CIS 属于 I、III、VI 族化合物，由 II、VI 族化合物衍化而来，其中第 II 族元素被第 I 族 Cu 与第 III 族 In 取代而形成三元素化合物。CIS 是直接带隙半导体材料，77K 时的带隙(也称禁带宽度)为 $E_g = 1.04eV$，300K 时 $E_g = 1.02eV$，其带隙对温度的变化不敏感，吸收系数高达 $105cm^{-1}$。

典型的铜铟镓硒薄膜光伏电池结构如图 2-16 所示，其基本结构由衬底、底电极、吸收层、缓冲层、电极层(TCO、窗口层、金属栅线)组成。其中衬底主要起支撑作用，可选材料有玻璃、金属、塑料、柔性材料等。底电极材料一般为金属钼(Mo)。钼能与感光层材料形成很好的欧姆接触，使接触电阻减小，减少电学损耗；钼具有较高的反射率，能形成有效的背散射；钼与铜铟镓硒外延生长时，晶格适配度较小，其热膨胀系数与铜铟镓硒也接近。吸收层是光的主要吸收区域，

图 2-16　铜铟镓硒(CIGS)薄膜光伏电池结构示意图

一般为弱 P 型，其厚度既要保证吸收足够多的太阳光，又不能超过光生载流子的扩散长度，影响载流子的收集。缓冲层可选用 N 型或本征型硫化镉或者硫化锌，其目的是改善薄膜的表面形态，降低相邻膜层之间的能带差。TCO 层主要用于收集光生电流。窗口层常用的材料是掺硼或者铝的氧化锌。金属栅线一般是网格状，材料通常为镍和铝。

铜铟镓硒薄膜光伏电池具有如下显著的特点：①铜铟镓硒具有较强的光吸收能力。CIGS 薄膜是一种直接带隙半导体材料，光吸收系数高达 $10^5 cm^{-1}$，厚 $1 \sim 3 \mu m$ 的薄膜就可吸收大部分太阳光。因此，用铜铟镓硒薄膜制作光伏电池，膜层厚度薄、材料用量少。②铜铟镓硒光学带隙可调，通过在 CIS 薄膜中掺入 Ga 来部分替代 In，可以使吸收层带隙在 $1.04 \sim 1.67 eV$ 变化，与太阳光理想的吸收禁带宽度 $1.45 \sim 1.5 eV$ 相匹配。③铜铟镓硒材料性能稳定性好，无光劣化现象。④抗辐射能力强，可用于空间飞行器等恶劣环境。⑤适合做柔性电池，铜铟镓硒可沉积在聚酰亚胺等柔性衬底上，形成少缺陷、大晶粒、高结晶的多晶薄膜。柔性电池的用途广泛，可用于帐篷、屋顶、探测气球及各种异型表面，尤其适合便携和随身使用。⑥独特的 Na 效应。对于硅基半导体，玻璃中大量的 Na 离子扩散进入半导体材料中，会大大损害电池的性能；而在铜铟镓硒中，微量的 Na 可大幅度地改善薄膜的结晶形貌和传输性能。⑦弱光性能好。在晨昏时节、阴天冬季，或阴暗气候条件下，铜铟镓硒薄膜光伏电池可比其他光伏电池产品产生更多的电能。

砷化镓薄膜光伏电池的主要材料是砷化镓基化合物半导体，是元素周期表中Ⅲ族元素与Ⅴ族元素形成的化合物，简称为Ⅲ-Ⅴ族化合物，是继锗(Ge)和硅(Si)材料以后发展起来的重要半导体材料，其中最主要的是砷化镓(GaAs)及其相关化合物。

砷化镓薄膜光伏电池根据制备 PN 结的材料，主要分为 GaAs/GaAs 同质结光伏电池和 GaAs/Ge 异质结光伏电池，其结构如图 2-17 所示。GaAs/GaAs 同质结光伏电池是在 GaAs 衬底上生长不同功能的膜层，而 GaAs/Ge 异质结光伏电池则在 Ge 衬底上生长不同功能的膜层。Ge 相对于 GaAs 价格便宜，机械强度高。另外，Ge 衬底上异质外延生长的技术也较为成熟。因此，GaAs/Ge 异质结光伏电池相比于 GaAs/GaAs 同质结光伏电池有更多、更广泛的应用。

砷化镓薄膜光伏电池具有更高的光电转换效率、更强的抗辐射能力和更好的耐高温性能，是新一代高性能、长寿命空间用电源，主要有如下特点。首先，光电转换效率高，砷化镓的光谱响应特性和空间太阳光谱匹配度较好。其次，可制成薄膜和超薄型光伏电池，砷化镓为直接带隙材料，在可见光范围内，砷化镓的光吸收系数远高于硅，制备电池所需要的膜厚大大降低。再次，耐高温性能好，

(a) GaAs/GaAs同质结　　　(b) GaAs/Ge异质结

图 2-17　砷化镓薄膜光伏电池结构示意图

砷化镓的本征载流子浓度较低，砷化镓基光伏电池的最大功率温度系数比硅基光伏电池小。200℃时，硅基光伏电池已不能工作，而砷化镓基光伏电池的转换效率约为 10%。最后，抗辐射性能好，抗高能粒子辐射的性能较好。

　　但是，砷化镓基光伏电池也存在固有缺点。砷化镓材料的密度较大，因此制得的光伏电池较重；砷化镓的机械强度较弱，导致其电池的抗打击能力较差，比较容易碎裂；砷化镓材料的价格也较为昂贵。因此，其在地面领域的应用几乎没有。

　　薄膜光伏电池的制作流程包括各种膜层的制备、精准的激光切割、膜层的特殊处理和封装测试等。其中，膜层的制备方法多种多样，需根据膜层材料、性能要求、成本控制等进行选择。下面以在玻璃衬底上制备硅基薄膜光伏电池为例，简单介绍薄膜光伏电池的制作流程。

　　第一步是在玻璃衬底上制备透明导电薄膜(TCO)(图 2-18(a))，第二步是采用激光切割将透明导电薄膜分割成相互绝缘的条形电极(图 2-18(b))，第三步是沉积非晶硅膜层，该膜层是复合膜，可按顺序逐层沉积(图 2-18(c))，第四步是激光切割非晶硅膜层，将大面积的薄膜切割成较窄的长条(图 2-18(d))，第五步是在非晶硅膜层上沉积金属电极(图 2-18(e))，第六步是进行第三次激光切割，将金属电极和非晶硅膜层一起切开(图 2-18(f))。此时，电池基本制作完成，且条形电池之间通过金属电极串联起来，光生电流可在电池间流动，如图 2-18(f)箭头所示。制作好的薄膜电池还需进一步处理和测试，包括边缘绝缘处理、清洗和漏电流的钝化、电性能参数的测试等。

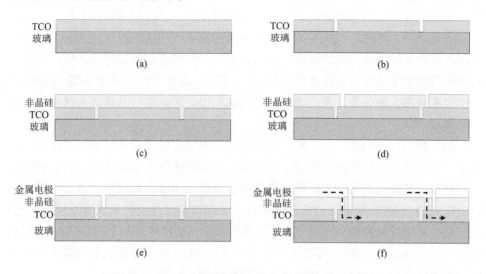

图 2-18　硅基薄膜光伏电池的制作流程示意图

太阳光光谱的能量范围较宽，分布在 0.4～4eV，而一种材料只能吸收利用能量大于其禁带宽度 E_g 的光子，且其能量高于 E_g 的部分往往也在弛豫过程中转化为热能逸散。能量低于 E_g 的光子能透过电池，或者被背电极吸收，也转化为热能逸散。因此，太阳光中能够充分利用的仅有能量与材料禁带宽度相匹配的光子。为了提高太阳光的利用率，可将不同禁带宽度材料制备出的光伏电池叠加起来，称为叠层电池或者多结电池。

设计叠层电池需考虑以下几个基本因素。首先是各个子电池禁带宽度的选择。一般遵循从上而下，禁带宽度逐渐变窄，相邻子电池之间禁带宽度的差异越小越好。其次是相邻膜层晶格常数差异越小越好。晶格常数匹配度过低，会在膜层中产生缺陷，降低电池的效率。再次是光生电流的匹配。由于制作工艺的限制，叠层电池的各个子电池之间绝大部分采用串联连接，流经各个子电池的电流是一样的，且受限于子电池产生的最小电流。只有在各个子电池产生的电流相同时，才能得到最大效率。最后是薄膜厚度的设计。由于各膜层材料的吸收系数各不相同，膜层的厚度也不一样。一般来说，吸收系数大的，膜层薄；吸收系数偏小的，膜层厚。

2.4　光　伏　组　件

光伏电池是光电转换的最小单元，一般不直接作为电源使用。对于晶体硅光伏电池,主要有以下几个原因。首先,单片晶体硅光伏电池由单晶硅或多晶硅材料制成,厚度为 0.3~0.5mm,硅晶体机械强度较差,不能经受较大的撞击,无法正常安装使用。其次,光伏电池的金属电极会被氧气和水汽侵蚀,不能长期裸露使用,要将光伏电池与大气隔绝。最后,单片晶体硅光伏电池的工作电压受限于其 PN 结接触电势差,开路电压为 0.55~0.57V,最佳工作电压为 0.42~0.46V,工作电流依赖光照强度,范围为 16~30mA/cm^2。因此单片晶体硅光伏电池的输出功率较小。

为了解决以上问题,可将单片晶体硅光伏电池封装成光伏组件,即根据设计要求,将单片光伏电池经过串联、并联或串并联形成电池串后(图 2-19),再用合适的材料将其密封起来。并联单片电池能提高输出电流;串联单片电池能提高输出电压。这种经过封装的光伏组件是可以单独作为电源使用的光伏电池最小单元。光伏组件再经过串并联安装到支架上,就构成了光伏组件阵列(光伏组件方阵,简称光伏阵列或光伏方阵),可以作为电站。综上,单片电池串并联后封装成光伏组件;光伏组件串、并联安装后形成光伏组件阵列,如图 2-20 所示。

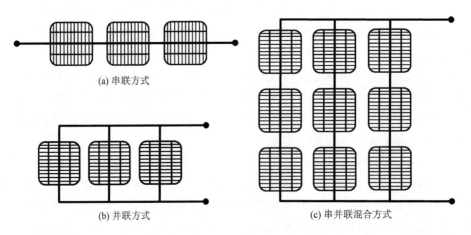

(a) 串联方式　　　　(b) 并联方式　　　　(c) 串并联混合方式

图 2-19　光伏电池片的连接方式

常见的晶体硅光伏组件封装技术包括 EVA 胶膜封装、真空玻璃封装、紫外(UV)固化封装等,其中 EVA 胶膜封装是应用最为广泛的晶体硅光伏组件封装技术。

典型的 EVA 胶膜封装组件如图 2-21 所示,整个组件剖面可分为五层,分别为玻璃面板、EVA 胶膜、通过连接条连接起来的电池串、EVA 胶膜和背板(背板上装有接线盒)。组件四周的边框可根据设计要求进行取舍。若加装边框,则边框和组件之间填充硅胶或热熔胶密封。

为了提高组件的转换效率,对各层材料有一定的要求。

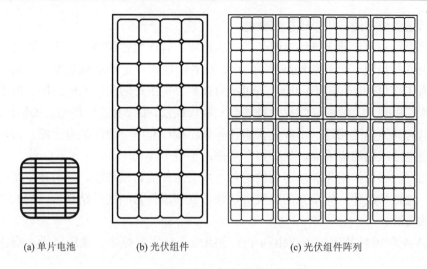

(a) 单片电池　　　　　(b) 光伏组件　　　　　(c) 光伏组件阵列

图 2-20　光伏组件阵列形成示意图

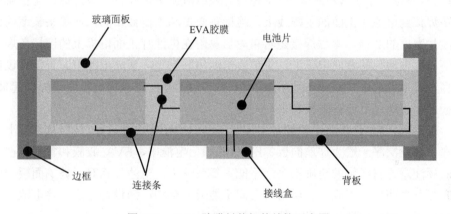

图 2-21　EVA 胶膜封装组件结构示意图

组件工作时，阳光首先要通过玻璃面板，才能被电池片吸收；另外，玻璃面板也要对脆弱的电池片起到保护作用。因此要求玻璃面板具有较高的透射率、良好的力学性能、良好的绝缘性、隔水隔气、耐老化、耐腐蚀等，目前普遍采用成本较低的钢化低铁玻璃。

EVA 胶膜是一种热熔黏结胶膜，常温下无黏性而具抗粘连性，经一定条件热压后发生熔融黏结与交联固化，将电池串"上盖下垫"包封。固化后的 EVA 胶膜能承受大气变化且具有弹性，并和上层保护材料玻璃面板、下层保护材料背板黏合为一体。另外，它和玻璃黏合后能提高玻璃的透光率，起着增透的作用，对光伏组件的输出有增益作用。

电池片通过单焊和串焊形成电池串。将电池串排列好之后用汇流条连接起来，并引出正负极接线，用以连接接线盒。

背板用来阻止恶劣气候对组件造成的伤害，确保组件的使用寿命。因此，其具有很低的热阻、可靠的绝缘性/阻水性/抗老化性和一定的机械强度，最常用的背板为 TPT（Tedlar/PET/Tedlar，Tedlar 为杜邦公司生产的聚氟乙烯薄膜，PET 即聚对苯二甲酸乙二醇酯）。背板上往往会安装接线盒，接线盒是光伏电池的输出端，也可以与其他电池相连，形成光伏组件阵列。接线盒中一般还装有旁路二极管，将问题电池或电池串隔离，保护整个组件乃至整个阵列。

边框能够保护钢化玻璃脆弱的边角，增强组件的机械强度，同时便于组件的安装。边框和组件之间填充的硅胶可增强边框和组件之间的黏结强度，同时密封组件的边缘。

EVA 胶膜封装流程主要由四个工序组成，分别为焊接、叠层铺设、层压和总装。

(1)焊接工序包含单片焊接(单焊)和串联焊接(串焊)两种。单片焊接是指将连接条焊接到电池片正面的主栅线上，连接条数量和主栅数相同，连接条长度约为电池片宽度的 2 倍。串联焊接是将单焊后黏附在电池片正面电极上的连接条焊接到下一片电池片的背面电极上，将单片电池串联起来，形成电池串。若组件设计中存在多串电池串并联成电池串组，则要将各电池串的正极通过汇流条焊接起来，负极之间也通过汇流条焊接起来。

(2)叠层铺设是指将组件的各层按照正确的顺序依次铺设好。按照从下到上的顺序，铺设次序一般为玻璃面板、EVA 胶膜、电池串、EVA 胶膜和背板。在铺设时要注意各材料层的正确次序，不能重复或缺失；电池片相对于玻璃面板的位置和相互之间位置正确；各层材料之间不能混入杂物。铺设好之后，将电池串的引出电极从背板的切口伸出，便于连接接线盒。

(3)层压是 EVA 胶膜封装技术中最重要的一个工序，成品组件的性能、使用寿命以及外观都将在层压这一工序定型。该工序是将铺设后的组件送入层压机，通过加热加压使 EVA 胶膜熔化-固化后形成成品。层压工序最重要的参数是抽气时间、充气时间、层压时间和层压温度。

①抽气时间指加压前的抽气持续时间。通过抽气，可以排出封装材料间的空气和层压过程中产生的气体，消除组件内的气泡；还可以制造压力差，提供层压所需要的压力。

②充气时间是层压机增加压力的过程，时间越长，压力越大。一定的压力能够使 EVA 胶膜交联后形成的高分子疏松结构更加致密、具有更好的力学性能，也更有利于 EVA 胶膜和玻璃面板、背板之间的黏合。

③层压时间是指施加在组件上的压力保持时间。

④层压温度指层压期间组件加热的温度。

(4)总装是根据设计要求,给层压后的组件成品安装边框(可不装)和接线盒、保温固化、清洗、测试后包装入库等一系列操作的统称。

光伏组件的性能参数主要依赖于单片电池的性能参数和串并联的组织形式。多片光伏电池片的串联连接,可在不改变输出电流的情况下,使输出电压成比例增加,约为单片电池输出电压和串联数的乘积;并联连接,可在不改变输出电压的情况下,使输出电流成比例增加,约为单片电池输出电流和并联数的乘积;串并联混合连接,既可增加组件的输出电压,又可增加组件的输出电流。一般说来,每块组件所用的光伏电池片的电特性要基本一致,组成阵列的每块光伏组件的电特性要基本一致。

光伏组件的主要性能参数与光伏电池片类似,主要包括开路电压 V_{OC}、短路电流 I_{SC}、最佳输出功率 P_M、最佳输出电压 V_M、最佳输出电流 I_M、填充因子和转换效率,以上参数均可在光伏组件的伏安特性曲线上读取。

第 3 章　光伏发电系统

以光伏组件为核心，配备逆变器、控制器等部件，就构成了光伏发电系统。光伏发电系统用途广泛，既可作为大型地面电站进行大规模发电，也可以应用到工商业建筑、户用屋顶。光伏发电系统可生产绿色清洁电力，有利于减少温室气体排放，助力实现碳达峰碳中和。本章介绍光伏发电系统的分类、构成以及系统主要设备的工作原理。

3.1　光伏发电系统的分类

1. 离网并网

光伏发电系统按照是否接入交流电网分类，是一种最常用的分类方法。与电网相连的是并网光伏发电系统，并网光伏发电系统所发出的电能与电网电能合并。光伏发电系统所发出的电能不与电网相连的是离网光伏发电系统，离网光伏发电系统发出的电能仅在系统内部消耗。

并网光伏发电系统是电能的重要来源之一，可以实现大规模发电，适合作联网电站、分布式发电系统等，有助于解决当地或本地区的电力供应。

离网光伏发电系统不受地域的限制，可以解决当地人员和设备的用电需求，只要有阳光照射的地方就可以安装使用，所以离网光伏发电系统的使用非常广泛。离网光伏发电系统适合偏远地区和没有电网的地区使用，如牧区、海岛等，也可以作为经常停电地区的应急发电设备。

2. 容量大小

光伏组件是光伏发电系统的核心部件，也是光伏发电系统中价值最高的部件。在有光照的情况下，光伏组件两端会产生电动势。当光伏组件产生的电动势与负载构成回路时，可以将电能送往储能装置中存储起来，或带动负载工作。光伏组件越多可以带动的负载就越多、发电量越大，光伏组件的装机容量与发电量正相关。

装机容量指光伏发电系统中所采用的光伏组件的标称功率之和，计量单位是峰瓦(Wp)。按系统装机容量的大小可分为下列三种系统：

(1)小型光伏发电系统，装机容量不大于 1MWp 的系统；

（2）中型光伏发电系统，装机容量在 1～30MWp 的系统；

（3）大型光伏发电系统，装机容量大于 30MWp 的系统。

与装机容量对应，小型光伏发电系统通常接入电压等级为 0.4kV 的低压电网，中型光伏发电系统通常接入电压等级为 10～35kV 的中压电网，而大型光伏发电系统通常接入电压等级为 66kV 及以上的高压电网。

3. 储能装置

按照光伏发电系统是否具有储能装置，分为带储能装置的光伏发电系统和不带储能装置的光伏发电系统。

在离网光伏发电系统中，储能装置至关重要。由于夜间无光照，光伏组件不发电，光伏组件输出的电能不稳定，常常要带储能装置储存光伏转变出的电能，用储能装置调节电能的输出并向负载供电。在光伏发电系统中，储能装置较多使用蓄电池。蓄电池可以将化学能直接转化成电能，通过可逆的化学反应实现充放电，与太阳能发电系统配套使用的蓄电池主要是铅酸蓄电池、锂电池、镉镍蓄电池。

在并网光伏发电系统中，通常不带储能装置，在光伏发电不稳定时由电网补充电能。但是并网光伏发电系统也可以带储能装置，加储能装置的并网光伏发电系统可以实现电力调度和智能配电等功能。

光伏发电系统对蓄电池的主要要求有体积能量比高、充电效率高、重量能量比高、深放电能力强，另外，对蓄电池具有宽的工作温度范围、免维护、长寿命等也有要求。

4. 安装

按照光伏组件安装位置的不同，可以将光伏发电系统分为地面光伏发电系统和光伏建筑结合型光伏系统。光伏建筑结合型光伏系统中，若光伏组件不仅利用了建筑物的场地，而且光伏组件的形态是建筑物的建材、建筑构件，则将这种光伏发电系统称为建筑一体化光伏发电系统。

按照光伏组件的安装方式不同，光伏发电系统可以分为固定式光伏发电系统、倾角调节式光伏发电系统、自动跟踪式（追日）光伏发电系统。固定式光伏发电系统，使用固定支架将光伏组件安装在某一位置，其方位角和倾斜角不能变动，太阳相对光伏组件移动时会改变光线照射光伏组件的角度，光伏组件的发电量要受到影响。倾角调节式光伏发电系统，可以通过人工调节或简单的机械调节，在不同的时间段改变光伏组件朝向太阳的角度，例如，按照季节调整光伏组件的倾角，分别对应冬季、夏季的太阳变动范围，可以在冬季、夏季获得更多的光伏发电量。自动跟踪式（追日）光伏发电系统，是根据日期、太阳的光线照射情况，使用检测和跟踪装置，使光伏组件跟踪太阳的高度角、方位角方向变化，使光伏组件尽量接收太阳的直射光，有效地提高发电量。

除以上几种分类方式之外，光伏发电系统根据应用领域不同、场地不同、发电设备不同还有多种分类方式，如渔光互补光伏发电系统、林光互补光伏发电系统、风光互补发电系统等。

3.2　光伏发电系统的构成

3.2.1　离网光伏发电系统构成

典型的离网光伏发电系统结构如图 3-1 所示，系统由光伏组件、控制器、储能装置、离网逆变器等设备构成，其中控制器是离网光伏发电系统的关键设备。

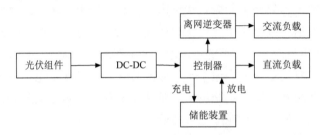

图 3-1　离网光伏发电系统结构图

在离网光伏发电系统中，光伏组件用于采集太阳能，将太阳能转换成电能。DC-DC 变换设备是直流-直流变换设备，主要是直流汇流箱和直流配电柜，其功能主要是将光伏直流电能进行汇流、功率变换、开关导通控制等。

控制器(或称太阳能控制器)是控制蓄电池充电和放电的设备，主要功能是控制能量的流向，防止蓄电池过充电和过放电。蓄电池的充放电深度及充放电次数直接影响蓄电池的电性能和寿命，从而影响整个光伏发电系统的运行。

离网逆变器是将光伏组件和蓄电池输出的直流电转变成交流电的设备。当负载是交流负载时，必须使用离网逆变器。

离网光伏发电系统中的负载可以分为直流负载与交流负载。负载的负荷是太阳能光伏发电系统设计的重要参数，不同的负载决定了光伏发电系统的设计和运行不同。

离网光伏发电系统适应性广，可以为一些偏远的无电地区、海岛、沙漠或一些特殊场所的通信设备、钻井、灯塔等提供电力。但离网光伏发电系统也有明显的缺点，主要是功率小、蓄电池的使用寿命比光伏组件短、系统运行维护的成本高。

对应不同的光伏发电系统应用场景和需求，图 3-1 所示的离网光伏发电系统结构图中的设备可以有不同的配置，形成多种专用的离网光伏发电系统。①DC-DC 变换设备根据是否需要功率跟踪、汇流需求，可以没有也可以有。②可以有储能装置，也可以没有储能装置。例如，对边远地区通信设备供电的光伏发电系统需要储能装置，而用于工业设备供电的光伏发电系统可以没有储能装置。③若负载仅有直流负载没有交流负载，则系统不需要离网逆变器，如直流光伏扬水系统就没有交流负载。④为提高发电系统的供电可靠性，可以添加其他的辅助发电设备，如风力发电设备、柴油发电设备等，形成光伏混合发电系统。

以下对光伏扬水系统和光伏混合发电系统的结构和应用作简要介绍，有助于进一步理解离网光伏发电系统的构成。

1. 光伏扬水系统

光伏扬水系统利用光伏组件将太阳能转化为电能，然后通过光伏扬水控制器（也可以用离网逆变器）驱动光伏水泵抽水，从深井或江河湖泊等水源中提水，用于草原畜牧饮用水、农作物灌溉等领域。光伏扬水系统常常不与电网相连，属于离网光伏发电系统。

光伏扬水系统原理如图 3-2 所示，主要由光伏组件、控制器（或离网逆变器）、水泵电机和水池水箱四部分组成，无储能装置。如果使用直流水泵电机，对应地要使用控制器，将太阳能组件的直流电压转换为直流水泵电机的额定工作电压，这种系统也称为直流光伏扬水系统。如果使用交流水泵电机，对应地要使用离网逆变器，将光伏组件的直流电压转换为交流水泵电机的额定工作电压，这种系统也称为交流光伏扬水系统。目前也有将控制器或离网逆变器与水泵电机集成为一体的光伏水泵电机，如光伏直流水泵电机、光伏交流水泵电机，这类水泵电机直接与光伏组件连接就可以工作，安装与调试很方便。

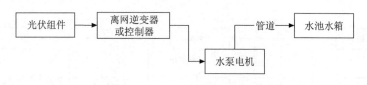

图 3-2　光伏扬水系统原理图

光伏扬水系统具有无需电网和燃油、无储能装置、无人值守、夏天使用多的特点，因此根据光伏扬水系统的特性，通常调整光伏组件的安装倾角使系统在夏季的发电量最大。

2. 光伏混合发电系统

太阳能与其他形式的能源(如风能、柴油、燃料等)组合使用时构成光伏混合发电系统,形成能量的互补利用,与电网不连接,也属于离网光伏发电系统。

由于受到地理分布、季节变化、昼夜交替等因素的影响,太阳能和风能都具有能量密度低、稳定性差的弱点。在晴朗的白天,阳光强烈而风速通常较小,因此太阳能发电是主要的发电方式。而在夜间,虽然无法利用太阳能,但风速往往较大,因此风力发电成为主要的发电方式,从而形成了昼夜互补的发电方式。此外,风光互补光伏发电系统还通常具有季节互补作用。在许多地方的夏季,阳光充足,但风力较小,而在冬季则相反。风光互补发电系统原理如图 3-3 所示。风光互补发电系统不但能提高供电系统的稳定性和可靠性,而且可以减少系统的蓄电池容量,降低系统成本。

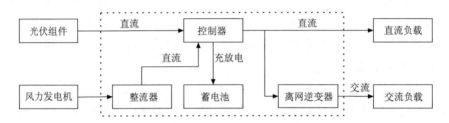

图 3-3　风光互补发电系统原理图

在电源供电可靠性等级要求高的系统中,除风光互补发电外,添加柴油发电机组供电,便构成了风光柴互补发电系统,原理如图 3-4 所示。该系统在风电和光伏可以供电时柴油发电机不工作,当风光发电不能连续供电时启动柴油发电机工作,有效地保证了系统供电的可靠性。

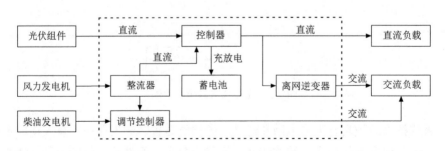

图 3-4　风光柴互补发电系统原理图

3.2.2　并网光伏发电系统构成

并网光伏发电系统是通过光伏组件发电，将所发电能并入交流电网，并网光伏发电系统的基本构成如图 3-5 所示。

图 3-5　并网光伏发电系统基本构成

在有太阳辐照的条件下，光伏组件输出的电能经过 DC-DC 变换设备，经并网逆变器转换为交流电后并入电网。DC-DC 变换设备完成光伏电能的汇集与分配管理，并网逆变器完成直流电至交流电的转变。

并网光伏发电系统的优点是结构简单、光能利用率高。缺点主要是光伏发电产生的交流电对电网会产生干扰，必须采取抗干扰措施。

对应不同的光伏发电系统应用场景和需求，图 3-5 中的各个模块可以有不同的配置，形成多种专用的并网光伏发电系统。对于 DC-DC 变换设备，根据系统是否需要功率跟踪、汇流需求，可以配置该模块也可以不配置该模块。系统可以有储能装置，也可以没有储能装置，例如，按照电能是否有可调度的需求考虑是否配置储能装置。另外，发电系统接入电网的位置、接入电能是否直流汇流后并网等方面也会有所不同。

以下对并网光伏发电系统从接入电网的节点位置、有无逆流、有无储能装置方面进行分类介绍。

1. 配电侧并网和用户侧并网

按接入电网的节点不同，可分为配电侧并网和用户侧并网。

配电侧并网是指光伏电力接入输电网，只有经过逐级降压后，用户负载才能使用，这种系统产生的电力经电网调配，接入电网的等级较高，配电侧并网光伏发电系统构成如图 3-6 所示。由于配电侧并网接入电网的等级高，配电侧并网光伏发电系统通常是发电量大的大型联网光伏发电系统，也称为集中式并网光伏发电系统。集中式并网光伏发电系统所发电能被直接输送到电网上，由电网统一调配向用户供电。这种集中式并网光伏发电系统的主要特点是，容量大、投资大、建设周期长、需要复杂的控制和配电设备、占用大片土地、发电成本高。

用户侧并网是指光伏电能以用户可用的电压及相位形式直接提供给交流电网，接入电网的电压等级低，接入电网的节点位置在最低一级变电站的后端，通

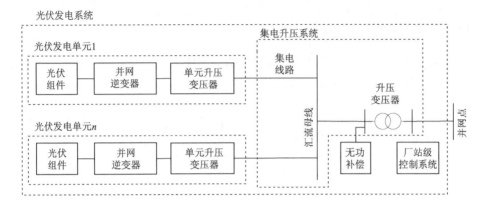

图 3-6　配电侧并网光伏发电系统构成

常不经过变压器连到电网。这种系统的特点是单独为某一用户的电力负载供电，装机容量较小，以自发自用为主，降低了对大电网电力的需求，节省电费。由于用户侧并网对应于接入电网的等级低、并网点位置靠近用户，所发的电能直接分配到用户的用电负载上，所发电量以自用为主，多余或不足的电力通过连接电网来调节，也称为分布式并网光伏发电系统。若分布式并网光伏发电系统的负载白天耗电量小晚上耗电量大，则系统相当于将白天所发的多余电力"储存"到电网中，待用电时随时取用，节省了储能蓄电池。分布式并网光伏发电系统的主要特点与大型联网光伏发电系统相反，可以因地制宜建设、容量小、投资小、设备简单。

2. 有逆流和无逆流光伏发电系统

按与电网的供电方向是否相反，光伏发电系统分为有逆流光伏发电系统和无逆流光伏发电系统，原理如图 3-7 所示。当光伏发电系统除能供给本地负载使用外还会产生剩余电能时，将剩余电能送入电网，电能的流动方向同电网的供电方向相反，称为逆流。

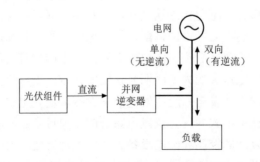

图 3-7　有逆流和无逆流光伏发电系统

光伏发电系统的发电能力大于负载或发电时间同负荷用电时间不相匹配时，称为有逆流光伏发电系统，即光伏发电系统所发的电能首先供本地负载使用，有余量时，余量电能流向电网。

无逆流光伏发电系统则是指光伏发电系统的发电量始终小于或等于负荷的用电量，电量不够时由电网提供。当光伏发电系统由于某种特殊原因产生剩余电能，检测出现逆流时，断开或限制光伏发电，保证光伏不向电网输电。由于不会出现光伏发电系统向电网输电的情况，所以称为无逆流光伏发电系统。

3. 可调度型和不可调度型光伏发电系统

光伏发电系统按照是否配置储能装置供电网调度，分为可调度型光伏发电系统和不可调度型光伏发电系统，原理如图 3-8 所示。

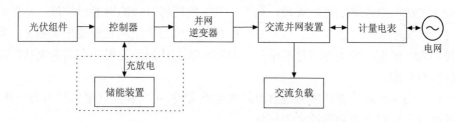

图 3-8　可调度型和不可调度型光伏发电系统

用少量的蓄电池作为储能装置连接到光伏发电系统，称为可调度型光伏发电系统。不配置蓄电池的系统，称为不可调度型光伏发电系统。可调度型光伏发电系统的主动性较强，当出现电网限电、掉电、停电等情况时仍可正常供电。不可调度型光伏发电系统不考虑储能装置，可以在电网的支持下达到光伏电能的最大利用，但不能实现黑启动、无功功率调节的功能。

3.3　光伏发电系统的主要设备

3.3.1　DC-DC 变换设备

DC-DC 变换设备包括光伏汇流箱、最大功率跟踪装置、直流配电柜等。

光伏汇流箱用于连接光伏组件及逆变器，其用途是将光伏组串或光伏阵列的直流电流汇流，还可以进行防雷及过流保护、光伏组串电流电压监测以及断路器的状态监测，汇流箱原理如图 3-9 所示。

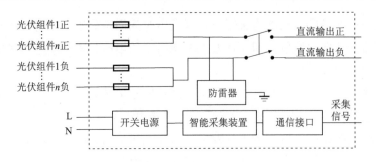

图 3-9　汇流箱原理图

多路光伏组串接入光伏汇流箱时，典型接入有 4 路、5 路、8 路、10 路、12 路的配置，每路电流最大可达 10A、15A、20A 等，通过熔断器保护后，接在一起，再通过直流断路器，接入逆变器中。为了提高系统的可靠性和实用性，一般都会在光伏汇流箱里配置防雷器，当雷击发生时能将过大的电能泄放掉，从而避免对光伏发电系统带来损害。带有监控的光伏汇流箱里安装有智能采集装置，实现对电流、电压、开关等信息的采集，并将信息上传到上位机，实现对光伏汇流箱的实时监控。

最大功率跟踪装置通常通过直流斩波电路实现，可以和光伏组件结合为一体，也可以与汇流箱或控制器结合为一体。

直流配电柜(或直流开关线路)主要应用在大型光伏发电系统中，用来连接汇流箱与逆变器。直流配电柜的主要作用就是将汇流箱输出的直流电能进行分配、监控、保护。

直流配电柜可以将总输入直流分为多路，而且每路都有保护装置(熔丝、空开)、防雷器。直流配电柜还有检测功能，包含检测每路的电流电压值、防雷状态、开关状态，通过智能仪表显示电压、电流、功率等参数，可以通过通信接口与监控系统通信，实现直流配电柜的智能化管理。

3.3.2　控制器

1. 工作原理

控制器需要控制离网光伏发电系统的能量流动，是离网光伏发电系统的关键设备，其核心功能是智能管理蓄电池的充放电，有效保护蓄电池，最大限度地延长蓄电池的使用寿命。

虽然各种控制器的控制电路有所差异，但其基本原理是一样的。图 3-10 是控制器最基本的充放电工作原理图，离网光伏发电系统包含光伏组件、控制器、蓄电池和负载。

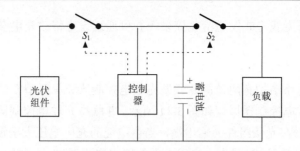

图 3-10　控制器的充放电工作原理图

开关 S_1、S_2 分别为充电开关和放电开关，开关 S_1、S_2 包括各种开关元件，如各种电子开关、机械式开关等，通常都使用电力电子器件实现。S_1、S_2 的接通和关断由控制器根据系统充放电状态来决定，当蓄电池充满时断开充电开关 S_1、使光伏组件停止向蓄电池供电。当蓄电池过放时断开放电开关 S_2，蓄电池停止向负载供电。

2. 功能

控制器通常应具有以下功能。

光伏组件断开和恢复功能：具有断开光伏组件连接和恢复连接的功能。

欠压告警和恢复功能：当蓄电池电压降到欠压告警点时，控制器应能自动发出声光告警信号。

蓄电池断开和恢复功能：这种功能可防止蓄电池过放电。通过继电器或电子开关连接负载，可在某给定低压点自动切断负载。当电压升到安全运行范围时，负载将自动重新接入或手动重新接入，有时采用低压报警代替自动切断。

保护功能：控制器具有负载短路保护电路，内部短路保护电路，蓄电池反向向光伏组件放电的保护电路，负载、光伏组件或蓄电池极性反接的保护电路，在多雷区防止遭受雷击的保护电路。

温度补偿功能：蓄电池的充放电是电能与化学能的相互转换，其过充点保护电压随着外界环境温度和自身电解液温度的变化而变化，当过充点保护电压不变时，不但容易造成蓄电池的储电能力降低，严重时还影响整个蓄电池的寿命，因此在控制器中增加温度补偿功能是十分必要的。

显示功能：显示蓄电池的电压、负载状态、光伏组件工作状态、辅助电源状态、环境温度状态、故障报警等。

随着电力电子技术、微处理技术的发展，控制器更加智能化。例如，具有以下一些功能：自动识别蓄电池的电压等级，根据设定的模式自动管理负载输出，增加人机界面和多种通信技术，通过 LCD 等多种显示技术实时显示系统参数，将数据通过有线或无线方式发送给监控系统并可通过设定修改充电参数。

3. 结构

控制器的电路结构有两种：并联型充放电控制器和串联型充放电控制器。

并联型充放电控制器原理如图 3-11 所示。并联型充放电控制器充电回路中的开关器件 S_1 并联在光伏组件的输出端，当蓄电池的充电电压大于设定值时，开关器件 S_1 导通，二极管 D_1 截止，光伏组件的输出电流通过 S_1 泄放，蓄电池不会出现过充。开关器件 S_2 为蓄电池放电开关，当负载电流大于额定电流出现过载或负载短路时 S_2 断开，起到输出过载保护和输出短路保护作用。当蓄电池电压低于过放电压时，S_2 也断开，进行过放电保护。D_2 为防反接二极管，当蓄电池极性反接时，D_2 导通使蓄电池通过 D_2 短路放电，产生的大电流将熔断器(fuse)熔断，起到保护作用。

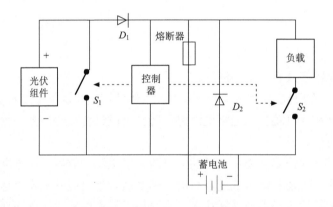

图 3-11 并联型充放电控制器原理图

串联型充放电控制器原理如图 3-12 所示。串联型充放电控制器与并联型充放电控制器的区别在于开关器件 S_1 的接法不同，串联型充放电控制器中的 S_1 串联在充电回路中，当蓄电池电压高于设定值时，S_1 断开，光伏电池不再对蓄电池充电，起到过充保护作用。

4. 控制

控制器的核心是微处理器，接通蓄电池后，微处理器开始工作并检测蓄电池电压和光伏组件电压，根据蓄电池当前的电量状态，采用不同的充电模式和负载输出控制方式。蓄电池连续充电时容易产生浓差极化和欧姆极化，使蓄电池内压升高，降低蓄电池的容量和使用寿命。为了更好地保护蓄电池，各阶段均采用脉

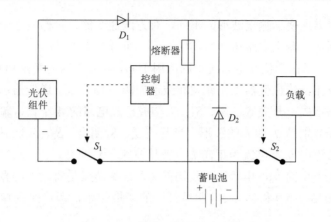

图 3-12　串联型充放电控制器原理图

宽调制(pulse width modulation，PWM)控制方式充电，这种脉冲充电方式有利于蓄电池化学反应产生的氧气和氢气有时间重新化合而被吸收掉，使蓄电池吸收更多的能量。

　　控制器的充电过程主要有直充充电、浮充充电和涓流充电三个阶段。直充充电属于快速充电，是在蓄电池电压较低时采用的充电方式，直充充电的 PWM 占空比较大，当直充充电完成时便进入浮充充电阶段，浮充充电一直维持到蓄电池电压降到充电返回电压或蓄电池充满为止，浮充充电时 PWM 占空比较小，随着电压的变化而不断调整，当蓄电池充满后进入涓流充电状态，涓流充电是间歇式充电，补偿蓄电池的自放电。

　　智能控制器通过温度传感器实时采集环境温度变化，对蓄电池的充电参数进行相应的温度补偿。当蓄电池温度低于 25℃时，蓄电池应要求较高的充电电压，以便完成充电过程。相反，高于该温度时，蓄电池要求充电电压较低。通常铅酸蓄电池的温度补偿系数为$-(3\sim5)\,\mathrm{mV/℃}$。

3.3.3　逆变器

1. 逆变原理

　　逆变器的功能是将直流电转换为交流电，这是对应于整流的逆向过程，称为"逆变"，完成逆变功能的电路称为逆变电路，实现逆变过程的装置称为逆变器或逆变设备。

　　除特殊用电负荷外，均需要使用逆变器将直流电变换为交流电。逆变器除能将直流电变换为交流电外，还具有自动稳压的功能，可以改善系统的供电质量。逆变器的种类很多，根据逆变输出相数的不同，有单相逆变器、三相逆变器和多相逆变器。根据逆变器输出波形的不同，有方波逆变器、阶梯波逆变器和正弦波逆变器。根据逆变器主电路拓扑结构的不同，可分为半桥结构、全桥结构、推挽结构。根据逆变器在光伏发电系统中的应用不同，分为离网逆变器和并网逆变器。

基本的单相桥式逆变器工作原理和波形如图 3-13 所示，逆变器由电力电子器件及辅助电路组成，开关 S_1、S_2、S_3、S_4 构成桥式电路的 4 个臂，输出波形图中的实线和虚线分别是 u_o 和 i_o 的波形。当开关 S_1、S_4 闭合，S_2、S_3 断开时，加在负载上的电压为正向 u_o，电流为正向 i_o。当开关 S_1、S_4 断开，S_2、S_3 闭合时，加在负载上的电压为反向 u_o，电流也为反向的 i_o，最终结果是将输入的直流电变成了交流电。改变 $(S_1$、$S_4)$ 和 $(S_2$、$S_3)$ 两组开关的切换频率，即可改变输出交流电的频率。

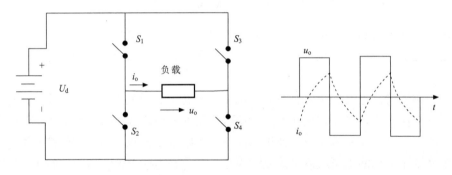

图 3-13　单相桥式逆变电路

2. 分类

逆变电路根据直流侧电源性质的不同可分为两种：直流侧是电压源的称为电压源型逆变电路，直流侧是电流源的称为电流源型逆变电路。

电压源型逆变电路的特点是，直流侧电源为电压源或并联大电容，直流侧电压基本无脉动，直流回路呈现低阻抗，输出电压为矩形波，输出电流因负载阻抗不同而不同，感性负载时需提供无功功率。为了给交流侧向直流侧反馈的无功能量提供通道，逆变桥各臂并联反馈二极管。

电流源型逆变电路的特点是，直流侧电源串联大电感，电流基本无脉动，相当于电流源，交流输出电流为矩形波，与负载阻抗角无关。输出电压波形和相位因负载不同而不同，直流侧电感起缓冲无功能量的作用，不必给开关器件反并联二极管。

3. 构成

逆变器主要由逆变主电路、控制电路、输入电路、输出电路组成，逆变器的基本电路构成如图 3-14 所示。

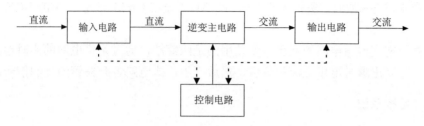

图 3-14 逆变器基本电路构成图

逆变主电路是逆变器的核心，其主要作用是通过半导体开关器件的导通和关断完成逆变的功能。控制电路主要为逆变主电路提供一系列的控制脉冲，配合逆变主电路完成逆变功能。输入、输出电路起隔离、滤波、补偿等作用。按照逆变主电路结构不同，在直流输入后通过推挽、半桥、全桥电路逆变产生交流电，即单级 DC-AC。根据需要，也可以通过多级变换产生交流电。逆变器还有一些辅助电路，包括检测电路、保护电路、指示电路等。

以单级单相全桥逆变电路为例简要说明逆变主电路的构成。

电压源型单相全桥逆变电路共四个桥臂，可看成由两个半桥电路组合而成。两对桥臂交替导通 180°。输出电压和电流波形与半桥电路形状相同，幅值高出一倍。要改变输出交流电压的有效值只能通过改变直流电压 U_d 来实现。

电流源型单相全桥逆变电路也由四个桥臂构成，每个桥臂的晶闸管各串联一个电抗器，用来限制晶闸管开通时的 di/dt。输出电流波形接近矩形波，含基波和各奇次谐波，且谐波幅值远小于基波。

4. PWM 控制技术

在中小功率逆变器的逆变电路中均采用 PWM 控制技术，通过对一系列脉冲的宽度进行调制，来等效获得所需要的波形(含形状和幅值)。

PWM 的控制方法有两种。一种是计算法：根据正弦波频率、幅值和半周期脉冲数，准确计算 PWM 波各脉冲宽度和间隔，据此控制逆变电路开关器件的通断，就可得到所需的 PWM 波形，计算法的计算量大，当输出正弦波的频率、幅值或相位变化时，结果都要变化。另一种是调制法：把希望输出的波形作为调制信号，把接受调制的信号作为载波，通过信号波的调制得到所期望的 PWM 波形，通常采用等腰三角波或锯齿波作为载波，其中等腰三角波应用最多，因为等腰三角波上任一点的水平宽度和高度呈线性关系且左右对称，当它与任何一个平缓变化的调制信号波相交时，如果在交点时刻对电路中开关器件的通断进行控制，就可以得到宽度正比于调制信号波幅值的脉冲，恰好符合 PWM 控制的要求。在调制信号波为正弦波时，所得到的就是 SPWM（正弦波 PWM）波形，与电网电压波形符合。

并网逆变器与电网的同步主要使用的是跟踪法，通过采集电网的实时电压电流值，计算出瞬时电压电流相位值，然后产生桥式电路各开关管的控制信号。

3.3.4　监控系统

监控系统能对光伏发电系统中的各单元等设备进行检测，控制发电系统的总体运行和各子系统间的相互配合以确保系统正常工作。

监控系统的对象包括光伏组件、负载、DC-DC 变换设备、逆变器、辅助电源、储能装置、并网接口、交流并网装置、环境条件。

监控功能可以包括数据信号的传感、采集、记录、传输和显示系统数据以及对其必要的处理。对光伏发电系统的更多功能的监视和控制可以扩展到储能控制、保护（防火、防盗）、辅助电源启动及控制、逆变器启动和交流负载的控制等。

图 3-15 是有远程监视功能的一个监控系统结构图。

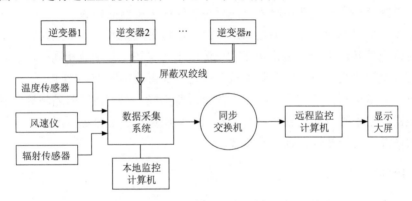

图 3-15　监控系统结构图

3.3.5　无功补偿装置

1. 无功功率

假设正弦电压 $u = U_\mathrm{m} \sin(\omega t + \varphi) = \sqrt{2}U \sin(\omega t + \varphi)$，作用于电网络，产生的正弦电流为 $i = I_\mathrm{m} \sin\omega t = \sqrt{2}I \sin\omega t$，电压超前电流的相位角为 φ，则无功功率为 $Q = UI \sin\varphi$，视在功率为 $S = UI$。

无功功率认为是能量在电源和负载的电抗成分（即电感和电容）之间来回流

动，电能交替充电和放电，导致电源到负载和负载到电源的电流流动。

有功功率 P 与视在功率 S 之比称为功率因数，记为 λ，则 $\lambda = \dfrac{P}{S} = \cos\varphi$，$\varphi$ 为电压与电流的相位差角（电路的阻抗角），反映电能的利用率。又因为 $\cos\varphi$ 不可能大于 1，所以有功功率不能大于视在功率。

2. 功率因数校正

电力系统的负载多数是感性的，如变压器、电动机负载，功率因数会降低。当电源变压器视在功率一定时，感性负载降低了有功功率的输出，限制了电源的利用。因此，提高功率因数，对提高电源利用率、降低线路功率损耗、降低线路电压有重要意义。

功率因数校正，就是将感性负载电路的功率因数 $\cos\varphi_1$ 提升到 $\cos\varphi_2$（二者关系为 $\cos\varphi_2 > \cos\varphi_1$），直接使用电容 C 并联到负载两端，提供超前于电压的电流 i_C，提高功率因数。功率因数校正电路图和相量图如图 3-16 所示。

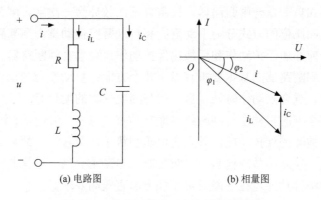

(a) 电路图　　　　　　　　　　(b) 相量图

图 3-16　功率因数校正电路图和相量图

通常通过安装与负载并联的补偿电容实现补偿电抗性功率，电容一般安装在用户设备外面的变电站中，为了方便，补偿电容堆按规定的递增率，以 kvar（千乏）容量为单位制造。

3. 静态无功发生器（SVG）

静态无功发生器（static var generator，SVG），是以绝缘栅双极型晶体管（insulated gate bipolar transistor，IGBT）为核心的无功补偿装置。SVG 能够快速连续地提供容性或感性无功功率，实现考核点恒定无功、恒定电压和恒定功率因数等的控制，保障电力系统稳定、高效地运行。在配电网中，将中小容量的 SVG

产品安装在某些特殊负荷(如电弧炉、中频炉、精炼炉)附近，可以显著地改善负荷与公共电网连接点处的电能质量，如提升功率因数、平衡三相电压、抑制电压闪变和电压波动、治理谐波污染等。

　　光伏发电系统的无功补偿装置宜选用成套设备，且宜选用动态连续可调设备，如 SVG。应根据电力系统无功补偿就地平衡和便于调整电压的原则配置，具备在其允许的容量范围内根据电力调度部门指令自动调节无功输出，参与电网电压调节的能力。

3.3.6　交流并网装置

1. 自动重合闸断路器

　　由于某种故障原因分闸后，能利用机械装置或继电自动装置使断路器自动重新合闸的设备是自动重合闸断路器。自动重合闸断路器的分类有以下几种：按合闸方式可分为机械式和电气式自动重合闸断路器，按启动方式可分为不对应启动式和保护启动式自动重合闸断路器，按重合闸次数分为一次重合闸和多次重合闸断路器，按复归原位的方式分为手动复归和自动复归自动重合闸断路器，按加速保护方式分为前加速保护动作和后加速保护动作自动重合闸断路器。

　　自动重合闸断路器的基本要求有以下几个方面：自动重合闸动作次数、重合闸的复归方式、重合闸动作时间、重合闸与继电保护的配合等。

　　光伏发电系统的自动重合闸断路器通常具有过电压、欠电压、过流/短路、漏电等主要电气故障的保护功能，并具有电压和跳闸次数显示、故障识别、故障指示、合闸前电压检测、故障检测、过载延时、自动重合闸、远程监控、在线修改参数及软件升级等功能，在性能及可靠性方面有较高要求。

2. 逆功率保护器

　　对于一些分布式光伏发电系统，要求自发自用，余电不要并网。也可以说光伏发电系统联网但不并网，此时需要使用逆功率保护器。

　　逆功率保护器也称为防逆流保护装置。逆功率保护器检测光伏发电系统并网点的功率流向，从电网流出功率时，逆功率保护器中的并网开关闭合，光伏发电系统并网运行。当出现光伏发电系统流向电网的功率时，认为电网出现逆功率，而且当逆功率达到可以抗干扰的设定值大小时,逆功率保护器中的并网开关断开，光伏发电系统离网运行。

　　在正常情况下光伏发的电和电网的电同时供负载运行。当光伏发电量大于负载用电时，电网开关会有反方向的电流流入电网，逆功率保护器动作。当逆功率消失时，闭合并网开关。

目前逆功率保护器可以高达八路出口，闭合四路断开四路。

3. 并网变压器

并网光伏发电系统与电网连接时，可以通过光伏升压变压器与电网连接，光伏升压变压器多使用干式双分裂变压器。这种变压器具有一个高压绕组和两个分裂的相同容量的低压绕组，分别接两个光伏阵列。

干式双分裂变压器和普通变压器的区别在于，干式变压器的低压绕组有两个额定容量相等的支路，两个支路之间没有电气联系，仅有较弱的磁联系，而且两个支路之间有较大的阻抗。

大型光伏发电系统配置的逆变器和光伏升压变压器要分体安装，现场的线路连接、基建工作和安装较为复杂。为了使光伏发电系统由分散建造转向工厂预装式集成制造，常常将光伏升压变压器、逆变器及其辅助元件集成为一体，成为集成光伏发电系统设备。集成设备具有成套性强、占地少、线路损耗减少、送电周期缩短、安装方便、运行可靠及投资少等优点。

第4章　光伏建筑一体化概述

随着化石燃料的日益枯竭及相关环境和气候问题的日益严重，人们越来越重视可再生能源的利用。在这个大趋势下，光伏技术的应用和发展已成为必然选择。为了开拓其应用领域，人们开始考虑将光伏应用于建筑上，从而出现了光伏建筑。光伏建筑因其美观和节能等特点成为绿色生态建筑中极具发展潜力的一个领域。在光伏建筑中，太阳能光伏材料与建筑相结合，光伏组件不仅具有建筑外围护结构的功能，还可以为建筑自身提供电力或并入电网。这种干净、绿色和节约土地的光伏建筑既拓展了太阳能的利用方式，又为节约能源和减少排放提供了新途径，而光鲜亮丽的光伏材料也为建筑设计增添了全新的元素。

4.1　光伏建筑一体化的意义

4.1.1　光伏建筑一体化的定义

光伏建筑是一种新型的光伏组件应用形式，它将光伏组件安装在建筑外表面的外围护结构上，或直接取代外围护结构来提供电力，是光伏系统与现代建筑的完美融合。

按照光伏方阵与建筑结合的方式不同，目前对光伏建筑一体化的定义有两种。

(1)集成型光伏建筑一体化(building integrated photovoltaics，BIPV)。BIPV技术是将光伏产品集成到建筑上的技术，与建筑同时设计、同时施工、同时安装，其不但具有外围护结构的功能，还能为建筑物提供电能。光伏组件以建筑材料的形式呈现，光伏方阵成为建筑不可或缺的一部分，如光伏瓦、光伏幕墙等。

(2)附着型光伏建筑一体化(building attached photovoltaics，BAPV)。BAPV将建筑物作为光伏方阵载体，起支撑作用，将光伏方阵安装在建筑的围护结构外表面来提供电力。这种形式与建筑物不发生冲突，不破坏或削弱原建筑功能。

在狭义的光伏建筑一体化定义中，仅包括集成型光伏建筑一体化，而在广义的定义中，附着型光伏建筑一体化也包含在其中。在本书后续内容中，光伏建筑一体化(BIPV)采用广义的定义。在这两种方式中，附着型光伏建筑一体化是一种常用的形式，特别是与建筑屋面的结合。由于光伏方阵与建筑的结合不占用额外的地面空间，附着型光伏建筑一体化是在城市现有建筑中广泛应用光伏发电系统的最佳安装方式。光伏方阵与建筑的集成是BIPV的一种高级形式，它对光伏组件的要求较高。光伏组件不仅要满足光伏发电的功能要求，还要兼顾建筑的基本功能要求。

4.1.2 发展光伏建筑的必要性

考虑到现今能源短缺和建筑能耗过高，加上环境保护和共同富裕要求等诸多因素的共同作用，我国急需大力发展光伏建筑。

首先是节能。中国建筑节能协会发布的《2022 中国建筑能耗与碳排放研究报告》指出，2020 年全国建筑全过程（生产、施工、运行）能耗总量为 22.7 亿 tce，占全国能源消费总量比重为 45.5%，其中建筑运行阶段能耗为 10.6 亿 tce，占全国总能耗的 21.3%。清华大学建筑节能研究中心所著《中国建筑节能年度发展研究报告 2023（城市能源系统专题）》显示，2021 年我国建筑面积总量约为 678 亿 m^2，建筑运行能耗中商品能耗总量约 11.1 亿 tce，生物质能耗 0.9 亿 tce，占全国总能耗比例约 21%。发达国家的经验表明，随着城市发展，建筑领域最终将超越工业和交通领域，成为能源消费最多的领域，最终占据 33% 左右的社会能源消耗比例。若我国城市化进程向发达国家的模式发展，人均建筑能耗接近发达国家的水平，则大约需要消耗全球能源总量的 1/4。因此，我们必须充分利用我国丰富的太阳能资源和庞大的建筑表面积，探索一条不同于世界上发达国家的节能途径，全面推进光伏建筑的发展以满足降低建筑能耗的需求。

其次是减排。有关资料显示，世界各国建筑能耗中排放的二氧化碳约占全球排放总量的 1/3，我国约 90% 的二氧化碳和氮氧化物排放来自化石能源的生产和消费。此外，仍有很多农村居民依赖直接燃烧秸秆、薪柴等生物质来获得生活用能，而这些生物质的燃烧会产生大量的二氧化碳和有害物质。《2022 中国建筑能耗与碳排放研究报告》中指出，2020 年全国建筑全过程碳排放总量为 50.8 亿 tCO_2，占全国碳排放的比例为 50.9%，其中建筑运行阶段碳排放为 21.6 亿 tCO_2，占 21.7%。《中国建筑节能年度发展研究报告 2023（城市能源系统专题）》显示，2021 年建筑运行阶段碳排放约 22 亿 tCO_2，占全国碳排放的比重为 22%。可见建筑领域是实现二氧化碳减排的关键领域，这就要求我们必须大力发展绿色节能建筑，尤其是光伏建筑。

4.1.3 光伏建筑一体化的优点

随着近年来太阳能光伏系统在建筑领域被广泛采用，人们逐渐认识到它的优势，主要包括以下方面。

(1) 节省城市土地。

建筑表面，如楼顶或者墙面，可以有效地用于安装光伏组件，而无须额外占用土地或增建其他设施。使得光伏发电系统适用于人口密集的地方，这对于土地紧缺的城市尤其重要。

(2)削峰填谷作用。

夏季白天太阳辐射比较强烈，高温天气导致制冷设备的大量使用，电网的用电量会呈现出高峰的状态。在这种情况下，光伏系统在建筑中的应用将能够为建筑自身提供所需的电力，并且将剩余的电力供应到电网中。这一技术不仅能够解决高峰期的电力需求问题，还能够缓解电网的压力，解决峰谷电力供需矛盾的问题。

(3)减少电力损失。

将光伏系统与建筑结合使用，可以实现在原地发电、用电，并有效地降低远距离输电网络的建设成本，同时减少输电与分电途中电能的损失。特别是在偏远地区，或公共电网建设成本较高的地方，光伏发电系统是一种高性价比的替代产品。

(4)节能减排作用。

安装在建筑外围护结构，如屋顶和墙壁等处的光伏阵列，不仅可以将吸收的太阳能转化为电能，还能发挥保温隔热的作用，有效地降低整个建筑墙体的温度，减少墙体得热以及室内空调的冷负荷，因此节省了空调的能耗，并达到了建筑节能的目的。从环保的角度，光伏建筑一体化中，使用光伏系统代替一般化石燃料发电，避免了空气污染或废渣污染，降低了二氧化碳等气体的排放，对环境有着积极的影响。

此外，采用外观色彩鲜艳、纹理奇特的光伏组件作为新型建筑围护材料，不仅拓展了建筑材料的选择，而且在美学上为建筑带来了更高的价值，增加了建筑物的美观度，令建筑外观更加有吸引力。

4.2　光伏建筑一体化的分类

光伏建筑一体化系统可以从多个角度进行分类，如根据安装方式、光伏系统的储能方式或光伏组件的类型等方面进行分类。接下来将逐一进行介绍。

4.2.1　按安装方式分类

光伏系统与建筑的结合有三种类型：建材型、构件型和安装型。

1. 建材型光伏系统

建材型，指将太阳电池与瓦、砖、卷材、玻璃等建筑材料复合在一起成为不可分割的建筑构件或建筑材料，如光伏瓦、光伏砖、光伏屋面卷材、玻璃光伏幕墙、光伏采光顶等，如图 4-1 所示。

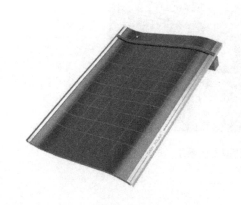

图 4-1　建材型光伏系统

用光伏组件代替部分建材，作为建筑物的屋面瓦、卷材和外墙砖，光伏组件还可以用于发电，兼具美感和实用性，可谓物尽其用、美观大方。

2. 构件型光伏系统

构件型，指与建筑构件组合在一起或独立成为建筑构件的光伏构件，如以标准普通光伏组件或根据建筑要求定制的光伏组件构成雨篷构件、遮阳构件、栏板构件等，如图 4-2 所示。

目前已经成功开发出大尺寸的彩色光伏模块，能让建筑外观更加美观迷人，可以制作成合成雨篷、栏板、遮阳板等多种光伏构件。这些构件不仅可以吸收太阳辐射，还具有实用的使用功能，使其成为一种功能性的建筑构件。

图 4-2 构件型光伏系统

3. 安装型光伏系统

安装型，指在平屋顶上安装、坡屋面上顺坡架空安装以及在墙面上与墙面平行安装等形式，如图 4-3 所示。安装型光伏系统在建筑上的安装方式是将封装好的光伏组件直接安装在建筑的表面，然后再与逆变器、蓄电池、控制器、负载等设备连接在一起。建筑物作为光伏组件的载体，起到了支撑作用。此时，建筑中的光伏组件只是通过简单的支撑结构附着在建筑上，一旦取下光伏组件，建筑的功能仍将完好无损。

图 4-3 安装型光伏系统

事实上，目前国内对光伏与建筑的结合形式还没有统一的划分。在 2009 年，财政部、住房和城乡建设部下发的《关于印发太阳能光电建筑应用示范项目申报指南的通知》中，以及在 2011 年发布 2012 年实施的行业标准《光伏建筑一体化系统运行与维护规范》中，将其按安装方式分为建材型、构件型和与屋顶、墙面结合安装型三类。但是在实际操作过程中发现，由于工程项目的应用情况各有不同，所以后两种分类无法明确区分。

2010 年发布并实施的行业标准《民用建筑太阳能光伏系统应用技术规范》中，明确将光伏构件定义为建材型光伏构件和普通型光伏构件。建材型光伏构件是指太阳电池与建筑材料复合在一起，成为不可分割的建筑材料或建筑构件；普通型光伏构件是指与光伏组件组合在一起，维护更换光伏组件时不影响建筑功能的建筑构件，或直接作为建筑构件的光伏组件。

2017 年，同样是住房和城乡建设部组织编写的《建筑光伏系统技术导则》中，将建筑光伏系统的安装形式分为安装型和构件型两种：安装型指把光伏组件附加安装在建筑上；构件型是把光伏组件作为建筑构件应用于建筑上，同时满足建筑的一项或多项功能。

4.2.2　按光伏系统储能方式分类

按照储能方式的不同，光伏系统分为独立系统、并网系统和混合系统。

1. 独立系统

独立系统又称离网系统，是一种不与常规电网相连、独立运行的发电系统，核心储能元件为蓄电池。在白天阳光充足时，光伏组件会直接通过控制器向负载供电，若系统中存在交流负载，则可通过逆变器将直流电转换为交流电。如果满足负载需求，多余的电力可储存在蓄电池中。而在夜晚或光照不足时，系统将从蓄电池中提供直流电，或通过逆变器转换为交流电，以维持负载的正常运行。

独立系统特别适合远离城市的区域使用，如远郊、草原、海岛、沙漠、山区等。除适合家庭使用外，对一些驻地相对固定的工区、作业班组、观察站、哨所、营地等也很适用。系统主要包括光伏组件、蓄电池、控制器、逆变器、安装支架、输电缆线和负载电器等。

2. 并网系统

与离网系统相反，并网系统是与常规电网相连的光伏发电系统，主要以公共电网为储能元件。光伏组件产生的直流电需要经由并网逆变器转换成符合市电电网要求的交流电，并直接接入公共电网。整个光伏系统实际上就相当于一个小型的电站。在阳光充足时，光伏系统会先为自身的负载供电，多余电力则会被输送到公共电网，或者直接并入电网。而当光伏系统产生的电力无法满足自身的负载正常工作时，公共电网会提供额外的电力补充。

并网系统主要包括光伏组件、控制器、逆变器、计量装置、高低压电气系统等单元。与建筑结合的光伏建筑一体化系统通常容量不大，其特点是白天光伏系统的发电量大但负载耗电量小，晚上则光伏系统不发电但负载的耗电量较大。因此与电网相连，白天将多余的电力储存到电网中，待用电时随时取用，避免了配备储能蓄电池。

并网系统是光伏发电的发展目标，是实现大规模商业化应用的必要途径。相比于独立系统，并网系统有许多优势。

(1)不需要安装蓄电池，因此和蓄电池相关的运行和维护成本得以降低，同时减少了蓄电池充放电所带来的能量损失，避免了废旧蓄电池造成的环境污染。

(2)光伏系统能够在最大功率点下稳定工作，能够充分利用发电能力，提高了光伏发电的效率。

(3)并网系统有助于实现公共电网调峰。

3. 混合系统

通常所指的混合系统包括两种类型：第一种类型是既将光伏发电系统与常规电力网络相连接，又配备蓄电池以进行能量储存；第二种类型则是更为广泛的混合系统，其目的是充分利用各种发电技术的优势，除利用光伏发电之外，还利用风力和柴油发电等作为备用电源。这样的混合系统可以与公共电网连接形成并网系统，也可以配备蓄电池作为独立系统使用。

风能和太阳能都属于可再生能源，将它们以风光互补的方式结合在一起是一种很好的综合发电方式，特别适用于在独立系统中使用。相比于单独使用风力或太阳能发电，采用风光互补发电系统具有明显的优势。但是，无论光伏发电还是风力发电，均容易受到天气条件的影响，无法保证稳定输出。因此，对于供电稳定性要求较高或比较重要的负载，需要在风力发电和光伏发电的基础上，结合备用的柴油发电机，形成混合风力、光伏和柴油发电的供电系统。这样做既可降低电力输出对天气的依赖性，也可以显著提高供电的稳定性和可靠性。这种混合系统特别适用于边远地区和海岛地区，因为这些地区通常难以与公共电网连接。

4.2.3　按光伏组件类型分类

尽管晶体硅光伏组件仍然是目前光伏建筑领域中应用最为广泛的，但随着薄膜技术的飞速发展，薄膜光伏组件在建筑领域得到了越来越多的关注和应用，并且具有不可替代的优势。光伏建筑中应用的光伏组件可以分为以下几种类型。

1. 刚性晶体硅光伏组件

通常，刚性晶体硅光伏组件会使用玻璃作为上盖板材料，而背板材料则采用Tedlar(聚氟乙烯)或玻璃等材料，因此在这种情况下就会形成不透光和透光两种不同类型的组件。在国内外，刚性晶体硅光伏组件已经广泛应用于众多光伏建筑项目之中。

图 4-4 是武汉火车站。作为"百年百项杰出土木工程""第十届中国土木工程詹天佑奖""中国建设工程鲁班奖"的三项殊荣得主,武汉火车站被誉为中国最美火车站。火车站的整体设计呈现出"千年鹤归"的独特造型,体现了湖北的地方特色。顶棚由一个主翼和八个副翼构成,太阳能光伏发电项目建在九个翼棚以及风雨棚上。该发电项目采用了 15414 块单晶硅光伏组件,组件额定效率为 15.1%,光伏阵列面积超过 1.5 万 m²,总装机容量达到 2.2MWp。系统运行采用并网方式,依靠电网进行储能,无需蓄电池。该项目在 2009 年 9 月正式开工,2010 年 4 月竣工,并于 2011 年 12 月通过了财政部、科技部组织的"金太阳示范工程"审核。

图 4-4 武汉火车站光伏工程

图 4-5 为英国的多克斯福德国际办公楼(The Solar Office at Doxford International)项目,该建筑项目采用巧妙手法将光伏技术与建筑设计融为一体,实现了建筑节能的目的。光伏系统被集成在办公楼的建筑外立面上,其总装机容量高达 73kWp,而光伏电力所供应的电量占据整个建筑年用电总量的 1/3。该建筑在英国的绿色建筑评价体系中获得了优秀级评价,并获得欧洲太阳能奖。

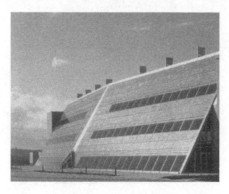

图 4-5 多克斯福德国际办公楼光伏工程

多克斯福德国际办公楼在场地设计和整体造型设计过程中充分考虑了光伏系统的需求。为了确保充分利用日照，建筑南侧主入口外设置停车场，以确保南向范围内没有遮挡高度的建筑物。此外，南向安装的光伏组件幕墙具有 60°的倾角，以确保光伏电池可以充分接收太阳的直射辐射。交通干道位于建筑南侧，幕墙和中庭也布置在南侧，这样设置有助于减少室外交通噪声对北侧办公用房的影响，同时倾斜的幕墙可以防止太阳反光对行人和交通干道上的驾驶员造成影响。

为了兼顾光伏系统的发电需求和天然采光的需要，该建筑幕墙采用了多晶硅光伏组件和透明玻璃模块间隔布置的方式，其中 $950m^2$ 的幕墙中，有 $650m^2$ 采用了多晶硅光伏组件。此外，为了避免室内出现炫光现象，部分光伏组件模块应用了双面玻璃的半透明组件，即通过减少太阳电池片数和增加间距的方式来增强透明度。

2. 刚性薄膜光伏组件

非晶硅光伏组件是目前应用最广泛的薄膜光伏电池技术，已有众多的应用实例。图 4-6 是广州新电视塔。该塔位于珠江南岸，高度约 600m。该塔上下两个椭圆顺时针方向旋转 45°后，扭成塔身中部"纤纤细腰"。凭借着婀娜而妩媚的"美人回眸"造型，广州新电视塔获得了"小蛮腰"的美称。广州新电视塔光伏发电系统围绕塔身 360°安装，安装高度约为 438.4～446.8m，光伏组件总高度约为 8.4m，安装面积约为 $800m^2$，装机容量约为 13kWp。整个玻璃光伏幕墙扭曲为椭圆形旋转封闭双曲面，采用构件型幕墙形式，两百多个组件均为透光率 15%的非晶硅半透明光伏组件。组件的规格各异，设计和安装难度在国际光伏工程项目中尚属首例，创下了超高层建筑太阳能应用系统的先河，成为全球首例大型异型非晶硅光伏建筑工程，为特殊、超高、极端气候条件下工作的光伏幕墙设计安装提供了宝贵的经验。

图 4-6　广州新电视塔

　　近些年,铜铟镓硒(CIGS)和碲化镉(CdTe)薄膜光伏组件在光伏建筑中的应用快速发展。图 4-7 所示的广东河源华侨城顺佰大厦采用了铜铟镓硒薄膜光伏组件作为整个建筑外幕墙,其装机容量达到 312kWp。大厦的设计将钢琴琴键作为主要元素,兼具科技和艺术的美感。在 2506 块薄膜光伏组件的有机应用中,建筑不仅实现了绿色发电,而且成功地解决了传统建筑幕墙所遇到的各种挑战。通过组件与玻璃幕墙交错布置的方式,不仅满足了建筑的遮阳需求,而且充分利用了幕墙的进深关系,打破了幕墙的平面形态,解决了光污染问题。同时,将组件置于整个幕墙的外侧,并在突出的组件两侧设计通风结构,配合层间通风百叶和内层结构开窗,满足了室内自然通风的需求,将生态环保理念发挥到了极致。

图 4-7　华侨城顺佰大厦

　　图 4-8 展示的是大同未来能源馆,这个项目位于山西省大同国际能源革命科技创新园,是全被动式超低能耗绿色建筑。在 BIPV 应用中,大同未来能源馆选

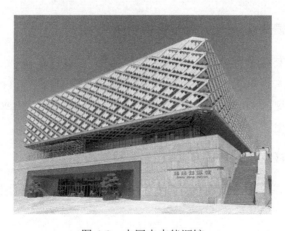

图 4-8　大同未来能源馆

择不同的材料来适应不同的建筑位置：立面采用了铜铟镓硒薄膜光伏组件和碲化镉薄膜光伏组件，其光电转换效率达到了 15%以上；屋面则选择了单晶硅光伏组件，光电转换效率达到了 20%以上。

3. 柔性薄膜光伏组件

柔性薄膜光伏电池一般以聚合物或不锈钢等材料为衬底，薄膜以物理或化学的方法沉积到衬底上，再制备电极引出导线，最后进行封装形成组件。图 4-9 是西门子中国总部大楼楼顶光伏工程，其中部分项目采用了柔性铜铟镓硒薄膜光伏组件。与常见的晶体硅分布式屋顶相比，柔性薄膜光伏组件重量轻、超薄、可弯曲并可直接粘贴于轻荷载屋顶和曲面屋顶，从而降低了安装成本。铜铟镓硒薄膜光伏组件不仅具有优越的弱光发电性能，在太阳辐照度较低的情况下，如早上、傍晚和阴雨天，其发电量明显高于晶体硅光伏组件。此外，它对于阴影遮挡也具有显著的抗热斑效果，在不进行维护的情况下，可有效避免组件故障。

图 4-9　西门子中国总部大楼楼顶光伏工程案例

4.2.4　按发电规模分类

与普通光伏发电系统类似，光伏建筑一体化系统可按系统装机容量的大小分为小型、中型、大型系统，具体分类指标如第 3 章中所述。同样，可以根据电压等级来考虑不同电网的输配电容量和电能质量等技术需求，相应容量的光伏发电系统应接入相应电压等级的电网中。

4.2.5　按公共连接点接入方式分类

根据是否允许通过公共连接点向公用电网送电，可分为可逆和不可逆的接入方式。

1. 可逆系统

可逆系统如图 4-10 所示。当光伏系统无法产生足够的电力时，负载由电网补充提供电力。由于太阳能屋顶发电系统的电量受天气和季节的影响，而用电又会有时间上的差异，为了保持电力平衡，通常会将其设计成可逆系统。

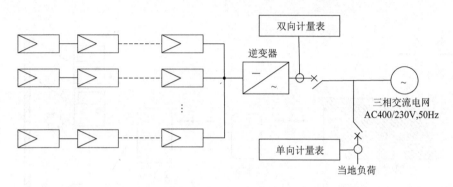

图 4-10　有逆流并网光伏发电系统

2. 不可逆系统

不可逆系统如图 4-11 所示，即将光伏系统与电网并联以向负载供电。即便在某些特殊情况下光伏系统产生了剩余电能，也只能通过某种手段进行处理或者放弃。

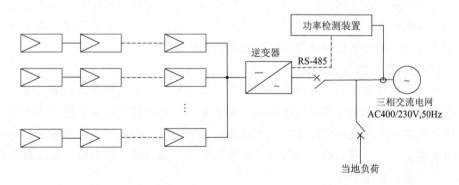

图 4-11　无逆流并网光伏发电系统

3. 切换型系统

切换型光伏发电系统可以自动运行双向切换功能，以实现系统的并联和并网。

（1）在光伏发电系统因为各种原因（如多云、阴雨天和上网计量系统故障等）出现发电量不足时，切换器可以自动切换到电网一侧，由电网向负载提供电能。

（2）在电网因为某种原因突然停电时，可以自动将光伏发电系统与电网分离，切换到独立的光伏发电系统状态，以维持负载电能的稳定供应。

切换型并网光伏发电系统如图 4-12 所示。

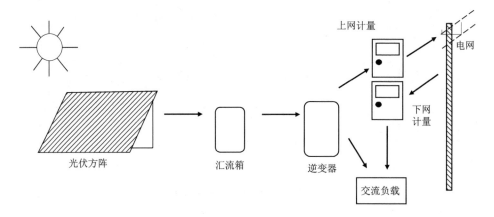

图 4-12　切换型并网光伏发电系统

4.3　光伏建筑一体化对光伏系统及组件的要求

光伏建筑一体化将光伏组件融入建筑的设计中，对建筑本身的外观和功能性产生了新的影响。作为一种新型的建筑产品，光伏建筑需要满足与建筑物完美结合的要求，因此对光伏系统及组件提出了新的要求。

（1）光伏阵列的布置要求。

在设计光伏系统时，应该考虑光伏阵列的角度、光伏组件表面的清洁度、光伏电池的转换效率和工作环境等因素。对于某个具体的建筑位置，屋顶和墙面与光伏阵列结合或集成后所能接收的太阳辐射是固定的。因此，为了获得更多的太阳辐射能量，光伏阵列的布局应尽可能地朝向太阳光线的入射方向，如建筑的南侧、西南侧和东南侧等。

（2）光伏组件的力学要求。

为将光伏组件作为建筑的外围护结构，在保障建筑物安全性的前提下，其必须具备一定的抗风压和抗冲击能力。这些力学性能的要求通常要高于普通光伏组件。例如，光伏幕墙组件除必须满足普通光伏组件的性能需求外，还必须满足幕墙的实验要求和建筑物安全性能的要求。

(3) 建筑的美学要求。

不同种类的光伏组件在外观上存在很大的差异。例如，单晶硅组件呈均一的蓝色，而多晶硅组件因晶粒取向不同而呈现出纹理效果。非晶硅组件则为棕色，有透明和不透明两种。此外，光伏组件的尺寸和边框(如明框和隐框、金属边框和木质或塑料边框等)也各不相同，这些因素会在视觉上产生不同的效果。当将光伏阵列与建筑物集成在一起时，其比例和尺度必须与整个建筑物相一致，以达到视觉上的和谐与建筑风格的一致。当光伏组件成功地融入建筑中时，其不仅能够丰富建筑设计，还能够增加建筑物的美感，提升建筑物的品位。

(4) 电学性能相匹配。

在设计光伏建筑时，需要考虑光伏组件的电压和电流是否与光伏系统的其他设备匹配。例如，在光伏外墙的设计中，为了追求艺术效果，建筑立面可能会由许多大小和形状不同的几何图形构成，这会导致光伏组件之间的电压和电流不匹配，进而损害整个系统的性能。因此，需要通过调整分隔建筑立面，使得光伏组件尽量接近标准组件的电学性能，以提高光伏建筑的整体性能。

(5) 光伏组件对通风的要求。

不同种类的太阳电池对温度的反应不同。目前市场上使用最广泛的是晶体硅太阳电池。然而，晶体硅太阳电池的效率会随着温度升高而下降，因此如果条件允许，应该通过通风来降低温度。相比之下，非晶硅太阳电池受温度的影响较小，因此其通风要求相对较低。对于用于幕墙系统的光伏组件而言，市场上已经出现了多种通风光伏幕墙组件，如自然通风式光伏幕墙、机械通风式光伏幕墙和混合通风式光伏幕墙等。这些组件有通风换气、隔热隔声、节能环保等优点，改善了光伏建筑一体化组件的散热情况，降低了电池片温度以及组件效率的损失。

(6) 建筑隔热、隔声的要求。

普通光伏组件通常只有 4mm 的厚度，其隔热和隔声效果较差。如果将普通光伏组件直接用作玻璃幕墙，不仅会增加建筑的冷负荷或热负荷，而且不能满足隔声要求。为此，人们可以将普通光伏组件制成中空的 Low-E 玻璃形式。由于中间有一层空气，既能隔热又能隔声，起到了双重作用。此外，许多玻璃光伏幕墙都有额外的保温层设计，如使用岩棉或聚苯乙烯等材料作为保温层。

(7) 建筑采光的要求。

在窗户和天窗上使用光伏组件时，需要确保一定的透光性。非晶硅太阳电池采用透明玻璃作为衬底和封装材料，其呈现出棕色透明的外观，透光性良好且投影均匀柔和。相比之下，晶体硅太阳电池因其本身不具备透光性，只能采用双层玻璃封装的方式。通过调整电池片之间的空隙或在电池片上穿孔，来调整晶体硅太阳电池的透光量。

(8)建筑对光伏组件表面反光性能的要求。

与前述建筑的美学要求不同，建筑对光伏组件有特殊的颜色要求。当光伏组件作为南立面的幕墙或天窗时，电池板的反光可能导致光污染现象。为避免这种情况，要求太阳电池具备特定的颜色和反光性能。为此，对于晶体硅太阳电池，可以通过采用绒面处理方法将其表面变成黑色，或通过调节减反射膜的成分结构等，在蒸镀减反射膜时改变太阳电池表面的颜色。此外，改变组件的封装材料也可以改变太阳电池的反光性能，例如，封装材料为布纹超白钢化玻璃和光面超白钢化玻璃时的光学性能就不同。

(9)光伏组件要方便安装与维护。

由于光伏组件需要与建筑结合，因此其安装比普通组件更具挑战性，也具有更高的要求。为提高安装精度，一般会将光伏组件制作成方便安装和拆卸的单元式结构。此外，考虑到太阳电池的寿命可达 20~30 年，设计中还需要考虑到使用过程中的维修和扩容问题。在保证系统局部维修便捷的同时，还需要确保这不会影响到整个系统的正常运行。

(10)光伏组件寿命的要求。

由于种种因素限制，光伏组件无法达到与建筑物同样长的使用寿命，因此，研究如何采用各种材料尽可能地延长光伏组件的使用寿命就十分重要。例如，以 EVA 材料为封装材料的光伏组件使用寿命不超过 50 年。相反，聚乙烯醇缩丁醛(PVB)膜具有透明、耐高温、耐低温、耐潮湿、机械强度高、黏结性能好等特点，并已成功应用于制造建筑夹层玻璃。因此，若将 PVB 用作 BIPV 光伏组件的封装材料，则光伏组件的使用寿命将会得到有效延长。

4.4　光伏建筑一体化的发展

光伏建筑一体化系统的研究起源于 20 世纪 70 年代的国外，经历了从最初的示范到推广的阶段，并逐步将光伏组件发展成为一种全新的建筑材料。在此过程中，发达国家相继推出了光伏建筑一体化项目和计划，并实施了相关的激励政策以促进技术的广泛推广和应用。例如，德国、美国、日本等几个国家在光伏建筑一体化方面已取得了相当成熟的设计经验和技术水平。

4.4.1　德国光伏建筑发展状况

在太阳能光伏技术应用和光伏建筑一体化方面，德国处于全球领先地位。德国政府率先提出了将光伏组件安装于建筑屋顶的"屋顶计划"，这是光伏发电系统与建筑结合的早期形式。自 1990 年开始实施"一千屋顶计划"以来，德国在私人住宅屋顶上安装了容量为 1～5kWp 的户用并网型光伏系统。随后于 1998 年 10 月提出了"十万屋顶计划"，计划在 6 年内安装 10 万套光伏屋顶系统，总容量在 300～500MWp。仅 2003 年光伏系统的安装量就已经达到了 120MWp。2004 年，德国通过了《优先利用可再生能源法》，强制太阳能光伏电力入网，并给予并网电价补贴，这使得德国成为光伏应用市场增长最快的国家之一。到 2006 年，德国的光伏装机容量达到了 2530MWp，年光伏装机容量为 750MWp。到 2007 年，新增光伏装机容量达到 1100MWp，累计装机容量达到了 3.6GWp，位居世界第一。目前，全德国的太阳能发电量相当于一个大型城市的用电量。

多家 ASE 旗下公司推出了各种光伏组件，以实现光伏组件与建筑的融合。其中包括大尺寸（1.5m×2.5m）的无边框非晶硅光伏组件，每块功率可达 360Wp，适用于垂直外墙和倾斜屋顶；此外，还推出了尺寸为长 1m×宽 0.6m 的不透明非晶硅光伏组件，可用于屋顶、垂直幕墙和窗户。

2000 年，德国颁布了《可再生能源法》（EEG 法案），规定以补贴光伏发电上网电价的方式来支持光伏产业发展。2004 年，德国政府修订了《可再生能源法》，即 2004 年 EEG 修正法案，推动了近年来光伏产业的快速发展。修正法案规定了到 2010 年，可再生能源发电量占总体发电量的目标为 12.5%。根据德国联邦环境部的数据，截至 2007 年底，可再生能源发电量占总体发电量的比例已达 14.2%，超过了 EEG 修正法案中的目标。随后，德国政府在 2008 年 6 月通过了《可再生能源修正法案》，即 2009 年 EEG 修正法案，并于 2009 年生效。该修正法案对可再生能源发展目标和补贴力度进行了更正：将可再生能源发电量到 2020 年的目标比例从 20%修改为 30%以上；提高了风电的补贴力度，降低了太阳能发电补贴力度；新能源发电厂商可以自主选择是否将所发电出售给公共电网。总体来说，2009 年 EEG 修正法案倾向于提高风能在新能源中所占的比例，但光伏发电的补贴力度仍然高于市场预期，这有利于光伏产业的继续发展。

德国采用了两种主要的鼓励方式来促进光伏产业发展：第一种是补贴电价政策，即以高价回购居民的光伏电力并纳入总电网，而居民使用光伏电力的价格则与普通电价相同，从而激发了居民在自家屋顶、庭院安装光伏发电设备的积极性；第二种是优先贷款，并提供 3%的贴息，鼓励居民购买和安装光伏发电设备。此外，德国还采用了"绿电收益购买绿电"的法律政策。这意味着国民自愿购买绿色电力，其价格比常规电力每度（1 度=1kW·h）电高出 2～3 欧分。电力公司将销售绿色电力的收益用于购买高价绿色电力。因此，安装光伏发电设备的用户可以通过向电力公司销售高价绿色电力获得收益，银行的贷款可以如数回收，光伏生产厂家通过销售太阳电池盈利，政府达到了推广清洁能源的目的，而电力公司通过销售绿色电力的收益加价购买高价绿色电力，不仅不会亏损，还能完成减排任务。

政府通过媒体广泛宣传，使那些选择购买绿色电力的人知道自己只需要支付很少的绿色电力加价，就能获得更好的生活环境和可持续供应的电力，同时为国家做出贡献，这种方法可谓是皆大欢喜。

4.4.2　美国光伏建筑发展状况

美国是世界上能源消耗最多的国家，政府为了降低能耗、减少污染以及调整能源结构，制定了一系列政策和计划，积极推进光伏建筑一体化项目的实施。最早的可再生能源立法是在1978年通过的《公用事业管制政策法》，该法案推动了美国在20世纪80年代的可再生能源装机容量发展达到12GWp。1992年实施的《能源政策法》提出对太阳能光伏发电和地热发电项目减税10%。随后，1997年美国宣布了太阳能"百万屋顶计划"，计划在2010年之前在100万座建筑物上安装太阳能系统，包括光伏发电系统和太阳能热利用系统。2005年，布什政府宣布《能源政策法》修正法案，在光伏方面，对商用光伏系统提供30%税收抵扣2年，之后降至10%；对居民用光伏系统提供30%税收抵扣2年，抵扣上限为2000美元。该修正法案中的光伏投资税收减免政策于2008年底到期，但参议院在2008年9月通过了将该政策延期的决议。具体包括：商用光伏项目的投资税收减免政策延长8年，住宅光伏项目的投资税收减免政策延长2年，并取消每户居民光伏项目2000美元的减税上限。正是因为这些政策的推动，美国太阳能光伏建筑的发展极为迅速，目前无论太阳能光伏建筑的研究、一体化设计，还是光伏材料、部件产品的开发、应用以及规模化的商业应用，均处于世界领先地位，形成了完整的太阳能光伏建筑产业体系。

现在，美国不再使用在屋顶上安装庞大装置的方式来收集太阳能，而是采用将光伏组件直接嵌入屋顶和外墙的方法，实现了光伏与建筑一体化。这种方法不仅适用于居民住宅，还可以在公共建筑外墙上安装光伏发电装置。光伏电池能够在白天高峰时间内产生大量的电能，并将电能储备起来供随时使用。

4.4.3　日本光伏建筑发展状况

日本是世界上较早推广光伏建筑一体化的国家之一，政府实施了有效的补贴政策，以推动该领域的发展。目前，许多新建建筑和住宅都采用光伏建筑一体化技术，实现了零能耗建筑的目标。在光伏建筑一体化技术的研发、优化以及光伏材料和构件的应用方面，日本已经处于世界领先地位，积累了丰富的实践经验。

为了应对20世纪70年代的石油危机，日本政府于1974年启动了"阳光计划"，旨在通过长期的、有组织的实用型太阳能电池技术研发，实现低成本、高效率的太阳能光伏发电。随后，政府于 1978 年、1989 年陆续推出"节能技术开发计划"和"环境保护技术开发计划"，要求太阳能电池售价降低 20%，以便推广小型电源的应用，如通信设备、路灯和室外钟等。政府还在民用住宅屋顶上开展了光伏应用示范工程，证明了技术上的可行性，但经济性问题仍需解决。为此，政府于 1994 年启动了"新阳光计划"，并制定了住宅用太阳能光伏发电系统补助金制度，促进了太阳能光伏发电系统在普通家庭中的应用。1997 年，政府发布了"七万屋顶计划"，计划到 2010 年安装 7.6GWp 的光伏发电系统。同年，政府颁布了《新能源促进法》，促进了太阳能电池产业的发展。日本太阳能电池产量从 1992 年的 19MWp 迅速扩张到 1998 年的 50MWp，而住宅太阳能光伏发电系统的投资成本也降低了 1/2。从 1998 年开始，日本太阳能产业进入了快速发展时期。至 2005 年，日本太阳能电池产量和太阳能光伏系统装机量位居世界第一位，太阳能电池产量占世界总量的 48%，太阳能光伏系统装机量占世界总装机量的 38%。然而，政府在 2003 年开始逐步降低建筑光伏的补贴，并于 2006 年取消了补贴。2007 年，NEDO（日本新能源产业技术综合开发机构）提出了"PV2030+"发展路线图，将太阳能发电的目标定为：至 2025 年，太阳能电池转换效率平均达到 25%以上，太阳能光伏发电成本降低至 14 日元/(kW·h)。2009 年，日本重新启动住宅光伏补贴，全球光伏组件成本的下降也促进了建筑光伏的快速发展。在随后的几年里，日本成为当时世界上最大的建筑光伏市场。

2011 年日本发生了大地震和福岛核电站泄漏事故，导致日本国内所有核电站停运及电价上涨。为保障能源安全，日本政府开始实行固定电价购买政策。这一政策推动了太阳能发电装机规模在日本国内急剧增长。在政策实施的一年零四个月后，新增的光伏系统装机量已经超过了 2012 年之前的总装机容量，总装机容量达到了 13.6GWp。日本政府预计，在未来的能源供应中，到 2030 年，太阳能光伏系统的总装机容量将达到 64GWp。随着太阳能发电装机量的大幅增长，NEDO 在 2014 年 9 月制定了"太阳能发电开发战略"，这是太阳能发电领域新技术开发的指南，其重点从"安装和扩大太阳能发电装机量"转变为"在大规模安装太阳能发电系统后，对社会能源的持续供应"，并提出了太阳能发电的长期技术目标。太阳能发电开发战略的重点转向解决光伏系统在安装后的供电安全、稳定性和持续性问题。在接下来的几年里，由于固定电价购买政策补贴的减少，日本光伏建筑年增长量相比政策实施后的最初几年有所下降，但总量仍然不断增加，整体规模不断扩大。光伏建筑的安装成本也从 2011 年的 513 日元/W 降至 2017 年的 277 日元/W。到 2016 年底，日本住宅光伏总装机容量达到了 9GWp。

日本以国土狭小、资源短缺和环境容量小等不利因素为出发点，将光伏产业发展作为国家战略，制定了长期规划和分阶段计划，并及时采取有效措施推进。

其成为第一个从能源供应安全、节能减排、技术和产业发展、民族兴衰安危以及国家发展战略等多个角度认识光伏产业的国家。日本政府全面扶持光伏产业的特点在于：政府推出政策鼓励技术研发、产品开拓和市场应用，有效降低光伏发电成本并增加其市场竞争力；同时，开拓产品应用市场、促使产品生产能力增强，产业链各部分相互平衡和良性互动。在政策、技术和市场的相互促进下，企业积极跟进，民众大力配合，共同推动了光伏产业的发展。

4.4.4　中国光伏建筑发展状况

我国光伏建筑起步较晚，落后于一些西方发达国家。但随着光伏产业的飞速发展，政府开始出台鼓励政策，推动光伏发电在建筑中规模化应用。2006 年实施的《中华人民共和国可再生能源法》明确规定了国家对可再生能源并网发电的鼓励和支持，要求电网企业与符合规定的可再生能源发电企业签订并网协议，全额收购其电网覆盖范围内可再生能源并网发电项目的上网电量，并为其提供上网服务。这一法规极大地推动了我国光伏发电技术的发展。

随着光伏技术的不断发展和成本的逐步降低，光伏在国内的应用已经具备了基本的条件。为了促进中国光伏产业的健康发展，2009 年 3 月，住房和城乡建设部与财政部共同发布了《关于加快推进太阳能光电建筑应用的实施意见》。该意见旨在推动光电建筑应用，提出为缓解光电产品在国内应用不足的问题，采取示范工程的方式，在发展初期实施"太阳能屋顶计划"。根据该意见，全国共申报了 489 个项目，装机容量达 681MWp，评选出了 111 个技术先进成熟、经济合理可行、可规模化推广的示范项目，装机容量为 91MWp。此后，江苏、浙江、河北、青海等省份相继出台太阳能扶持政策。2009 年 7 月，财政部、科技部、国家能源局联合下发了《关于实施金太阳示范工程的通知》，支持光伏发电技术在各类领域的示范应用及关键技术产业化，将"商业企业以及公益性事业单位现有条件建设的用户侧并网光伏发电示范项目"纳入支持范围。同时，通过国家财政资金的带动，继续推进光伏发电在建筑领域的规模化应用。2010～2011 年，财政部与住房和城乡建设部陆续组织实施太阳能光电建筑应用示范项目，并明确了"三个优先支持原则"：优先支持光伏与建筑一体化程度较高的建材型、构件型项目；优先支持已出台并落实上网电价、财政补贴等扶持政策的地区项目；优先支持 2009 年示范项目进展较好的地区项目。并根据光伏组件与建筑的结合程度、光伏组件成本波动等因素适当调整补助标准。此后，我国还出台了多项鼓励光伏建筑一体化的相关政策，详情见表 4-1。

根据国家《绿色建筑评价标准》，如果可再生能源提供发电的比例≥4%，该项将给予满分 10 分的评分，这一政策为光伏在绿色建筑领域的应用提供了支持。

随着绿色建筑的发展，对节能技术的要求越来越高，这促使光伏建筑一体化技术快速成熟，进而带动光伏建筑一体化产业的快速发展。

表 4-1　中国发布的光伏建筑一体化行业相关政策

发布时间	发布机构	政策名称	相关内容
2014 年 5 月	中国建筑金属结构协会、光电建筑应用委员会	《光电建筑发展"十三五"规划纲要》	规划纲要主要阐述了我国光电建筑发展所取得的成就，明确了光电发展的目标任务，以及光电建筑发展的保障措施，是"十三五"时期我国光电建筑发展的基本依据
2014 年 6 月	国务院办公厅	《能源发展战略行动计划(2014—2020 年)》	鼓励大型公共建筑及公用设施、工业园区等建设屋顶分布式光伏发电
2014 年 9 月	国家能源局	《关于进一步落实分布式光伏发电有关政策的通知》	鼓励开展多种形式的分布式光伏发电应用。充分利用具备条件的建筑屋顶(含附属空闲场地)资源，鼓励屋顶面积大、用电负荷大、电网供电价格高的开发区和大型工商企业率先开展光伏发电应用
2016 年 11 月	国家发展改革委、国家能源局	《电力发展"十三五"规划(2016—2020 年)》	"十三五"期间将全面推进分布式光伏发电建设，重点发展屋顶分布式光伏发电系统，实施光伏建筑一体化工程
2016 年 12 月	国家发展改革委	《可再生能源发展"十三五"规划》	继续支持在已建成且具备条件的工业园区、经济开发区等用电集中区域规模化推广屋顶光伏发电系统
2016 年 12 月	国家能源局	《能源技术创新"十三五"规划》	将多能互补分布式发电和微网应用推广列为应用推广类，研究目标：实现智能化分布式光伏应用、光伏微电网互联、交直流混合微电网以及多能互补微网统一能量管理等的工程示范和推广应用
2016 年 12 月	国家发展改革委、国家能源局	《能源发展"十三五"规划》	坚持技术进步、降低成本、扩大市场、完善体系。优化太阳能开发布局，优先发展分布式光伏发电，扩大"光伏+"多元化利用，促进光伏规模化发展
2016 年 12 月	国家能源局	《太阳能发展"十三五"规划》	大力推进屋顶分布式光伏发电。继续开展分布式光伏发电应用示范区建设，到 2020 年建成 100 个分布式光伏应用示范区，园区内 80%的新建建筑屋顶、50%的已有建筑屋顶安装光伏发电
2017 年 9 月	国家发展改革委	《关于 2018 年光伏发电项目价格政策的通知》	分布式光伏发电项目自用电量免收随电价征收的各类政府性基金及附加、系统备用容量费和其他相关网服务费
2018 年 4 月	工业和信息化部等六部委	《智能光伏产业发展行动计划(2018—2020 年)》	建设独立的"就地消纳"建筑光伏一体化电站

目前国内已建成的光伏建筑一体化项目，大多采用晶体硅技术的双玻光伏组件。由于晶体硅技术的限制，这些组件不能满足建筑美观的要求。然而，随着光伏建筑一体化行业的快速发展，晶体硅类 BIPV 组件技术也在快速进步，外观和颜色符合建筑需求的晶体硅类组件正在不断涌现，为晶体硅类光伏建筑一体化打开了巨大的发展空间。相比之下，铜铟镓硒和碲化镉薄膜类光伏组件的外观一致性更佳，色彩更加丰富，能够满足建筑美观的需求。薄膜技术的发展也使得成本逐渐下降，转换效率逐渐提高，因此，在建筑中应用的前景十分广阔。在未来的分布式市场，光伏建筑一体化应该成为主流。光伏组件建材化和构件化是建筑光伏应用的发展方向。

如今我国的光伏建筑一体化市场日益壮大。晶体硅类的厂家有英辰新能源科技有限公司、苏州腾晖光伏技术有限公司、泰州中来光电科技有限公司、阿特斯阳光电力集团等。薄膜类的厂家有国家能源集团、龙焱能源科技(杭州)有限公司、成都中建材光电材料有限公司等企业。在第 13 届(2019)国际太阳能光伏与智慧能源大会暨展览会上，我国首家专注于光伏建筑一体化的行业联盟组织——中国 BIPV 联盟在上海成立，标志着我国光伏建筑一体化产业开启发展新纪元。光伏建筑一体化分布式光伏将成为我国光伏和建筑行业发展的主要趋势之一。

第5章　光伏建筑一体化设计要点

光伏建筑设计的目标是通过高效利用太阳能提供给建筑的能量，满足建筑的使用功能需求，实现安全、便利、舒适、健康的环境。为了使光伏建筑能够全面、完善地满足使用要求，并尽可能降低初投资和运营管理费用，需要实现技术措施与建筑自身的优化组合，以达到最优化利用、最大化产出、操作简便化的效果。在光伏建筑的设计中，需要综合考虑场地规划、建筑单体设计、一体化设计等多方面的要求，以保证光伏建筑的合理性、实用性、高效性、美观性和耐久性。

5.1　设计原则和流程

5.1.1　设计原则

光伏建筑一体化的设计原则主要包括四个方面：整体性、美观性、技术性和安全性。这些原则在光伏建筑的设计中起着关键作用。整体性原则强调光伏组件与建筑整体形态、风格的一致性，实现光伏系统与建筑的紧密结合；美观性原则要求光伏组件在颜色、材质、造型等方面与建筑相协调，达到良好的视觉效果；技术性原则要求光伏组件的安装、维护与建筑的设计、施工相结合，确保光伏系统的有效性和稳定性；安全性原则要求在光伏组件的选材、制造、安装和维护过程中考虑安全因素，保证光伏建筑的安全可靠。这些原则的综合考虑将有助于光伏建筑的发展，实现效益的最大化。

1. 整体性原则

光伏建筑一体化的实现不是简单地将光伏系统和建筑物叠加而成，而是从建筑物设计的初期开始，将光伏系统的各个组成部分视为不可或缺的设计元素，将其巧妙地融入建筑物之中。这需要技术和美学的协同作用，将建筑和光伏技术有机地结合起来，实现统一的设计、建造和调试过程，使光伏系统成为建筑物不可分割的一部分。

2. 美观性原则

光伏建筑一体化系统的设计要求不仅在于保持建筑的整体性与统一性，还需要注重视觉和艺术的协调，将光伏系统与建筑物的结构有机融合，形成统一的整体。在建筑设计中，需要考虑光伏系统和建筑造型相结合的问题，以满足建筑整体设计理念，并在不破坏原有建筑形式美的前提下重新组织建筑的形态和结构，发挥光伏材料的视觉特色和形式美。通过将光伏材料的形式和特点与建筑进行有机结合，可以实现两者在美观性上的和谐统一。

3. 技术性原则

除了注重整体性和美观性，光伏建筑一体化系统还需要关注技术性。技术性主要考虑光伏系统本身的技术要求，以确保系统的高效运行和安全稳定。以下是光伏系统的一些技术要求。

(1)建筑物周围环境要尽量避免或远离遮阳物。

(2)在考虑建筑物的前提下，确定最优的光伏组件朝向和倾角。

(3)要保证光伏组件通风良好。

(4)根据建筑形态和组件大小确定组件布局方案，并选择合适的逆变器。

(5)合理设计以尽量减少电缆长度。

这些技术要求需要与建筑设计相结合，以确保光伏建筑一体化系统的高效性和安全性。

4. 安全性原则

光伏组件的屋顶安装会对屋顶荷载产生影响，包括光伏组件本身的荷载以及其在工程应用中的抗风、抗冰雹冲击能力等问题。同时，若选择光伏建筑一体化组件，除了发电功能，还需要考虑光伏组件的结构功能，如防水、保温、坚固耐用，以保证光伏建筑一体化系统的安全可靠性。

5.1.2　设计流程

要实现新建建筑上光伏系统工程的成功设计，需要统一规划建筑设计和光伏系统设计，实现同时设计和同时施工。对于改建、扩建以及在现有建筑上安装光伏系统的情况，必须满足建筑维护、节能、结构安全和电气安全要求。在规划设计光伏建筑一体化系统时，需要考虑建筑的地理位置、气候特征和太阳能资源条件，以确定建筑的布局、朝向、间距、群体组合和空间环境，同时还要满足光伏系统设计和安装的技术要求。在选择光伏组件类型、安装位置、安装方式和外观颜色时，应结合建筑功能、建筑外观以及周围环境进行。最终，光伏组件应该成为建筑的有机组成部分。光伏建筑一体化工程设计流程如图5-1所示。

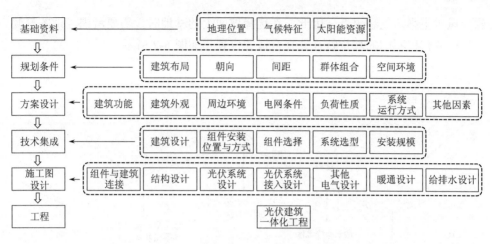

图 5-1 光伏建筑一体化工程设计流程

5.2 规划设计要求

光伏建筑的规划设计应符合生态理念,这是实现建筑充分利用太阳能和光伏系统高效运行的重要前提。规划设计应在争取日照和减少冷热负荷之间达到平衡。从建筑基地选择、建筑群体布局、日照间距、建筑朝向和地形利用等方面,应优先考虑光伏系统的日照需求,以创造有利于建筑光伏系统发电的条件,同时也可推广其他太阳能技术的使用。应结合当地气候、主导风向和地形地貌,合理进行场地设计和建筑布局,充分利用天然植被和水资源,结合人工种植,有效改善建筑周边的微气候,增强夏季通风和遮阳,减少建筑冬季的冷风渗透,以降低建筑的冷热负荷。

5.2.1 合理的基地选择

由第 1 章中太阳能基础知识可知,太阳辐射强度与地理纬度、坡面的坡度和朝向密切相关。地理纬度决定了该地在任意一天的任意时刻所受的太阳辐射的高度角和方位角。坡面上的太阳辐射强度与太阳高度、坡度、朝向有关。因此,对于光伏建筑,应选择在朝向阳光的平缓坡地或平地上建造,以获取尽可能多的日照,为太阳能应用提供有利条件。

在坡面上选择基地不仅与地形朝向有关,还与当地的气候条件密切相关。不同的坡位(坡脚、坡腰和坡顶)具有不同的微气候特征。坡脚地势低,夜晚相对较冷,而坡腰则相对温暖,因为夜间空气会在坡腰凝结并向下流动。坡顶则更加暴露，风力更强，气温更低。因此，在选择坡面上的基地时，需要考虑当地的气候条件，并根据不同的坡位特征选择合适的位置，如图 5-2 所示。

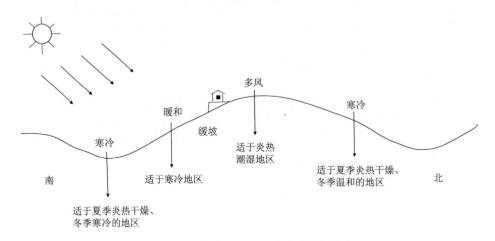

图 5-2　气候条件不同对基地选择的影响

　　此外，建筑不宜选址在山谷、洼地、沟底等凹地场地。若建筑基地中有沟槽，应妥善处理。这是因为，凹地在冬季容易积聚雨雪，雨雪在融化蒸发时会带走大量热量，导致建筑周围环境温度下降，增加围护结构保温的负担，对室内环境不利。此外，寒冷的空气会在凹地积聚，形成霜洞效应(图 5-3)。霜洞效应是指在低洼地形中，由于冷空气的密度大于周围空气，会向低处集聚，导致该区域的温度降低。当低洼地形中的空气温度降到露点以下时，空气中的水汽就会凝结成霜或冰，形成霜洞，并使低洼地形中的温度降得更低，从而使底层或半地下层建筑所需的加热能量增加。霜洞效应在寒冷地区尤为明显，建筑的热环境和节能设计时都需要进行充分考虑。

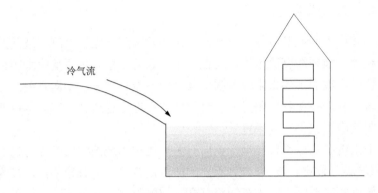

图 5-3　霜洞效应

5.2.2　确定建筑物的朝向

在相同的接收面积下，建筑接收的太阳辐射量与朝向有关。例如，设朝向正南的垂直面在冬季所能接收到的太阳辐射量为 100%，当接受面的朝向偏离正南的角度超过 30°时，接收到的太阳辐射量就会显著减少，朝向正东的垂直面所接收到的太阳辐射量只有约 34%。因此，为了最大限度地利用太阳能，光伏建筑的朝向应该朝南或接近南向。

当建筑的朝向被限制在南向时，还需要考虑当地气象因素的影响，对朝向进行微小的调整。表 5-1 显示了一些地区一天内太阳能最佳利用时段以及应进行的朝向调整。若该地区冬季经常有晨雾天气，则略偏向西是更好的选择；反之，若下午常常是多云天气，则略偏向东是更佳的选择。

表 5-1　部分地区一天内太阳能最佳利用时段及朝向调整

地区	季节分布特点	最佳利用时段	朝向调整
甘肃西部、内蒙古巴彦淖尔市西部、青海海西州一部	秋强夏弱	中午	正南
青海南部、西藏大部	冬强夏冷	上午	南略偏东
青海西南部	冬前强后冷	上午	南略偏东
内蒙古乌兰察布市、巴彦淖尔市、鄂尔多斯市大部	春强秋弱	上午	南略偏东
山西北部、河北北部、辽宁大部	春强夏弱	中午	正南
河北大部、北京、天津、山东西北一角	秋强夏弱	中午	正南
陕北、甘肃陇东一部	春强秋弱	下午	南略偏西
青海东部、甘肃南部、四川西部	冬强秋弱	中午	正南

当建筑所在场地无法避免受到遮挡时，应将遮挡视为确定朝向的考虑因素之一。可以通过适当调整建筑接收面的朝向来避免或减少遮挡的影响。然而，遮挡面积也不能过大。在 9:00~15:00 的遮挡面积应小于 10%，避免对光伏系统的效率产生过大影响，以有利于太阳能的利用。

5.2.3　合理设计日照间距

日照间距是指前后相邻两排建筑之间，为保证后排建筑在规定的时日获得所需日照量而保持的一定建筑间距。《建筑光伏系统应用技术标准》中要求建筑体形及空间组合应为光伏组件接收充足的日照创造条件。光伏组件的安装部位应避免受环境或建筑自身及组件自身的遮挡。上海地方标准规定建筑设计宜满足光伏组件每天 6h 日照不受遮挡的要求。浙江地方标准规定冬至日全天日照应不低于

3h。日照时数是指太阳在一地实际照射的时数，在给定时间内，日照时数定义为太阳直射辐照度达到或超过$120\,\mathrm{W/m^2}$的各段时间的总和，单位为 h，取一位小数。

为了让建筑充分获得阳光，并兼顾土地使用效益，需要设定合理的日照间距。对于不同类型的建筑，通常规定以不同的连续日照时间确定最小建筑间距。对于安装光伏组件的建筑，其建筑间距需要满足当地的日照间距标准，并且不能因为光伏组件而降低相邻建筑的日照标准。建筑光伏组件上阳光被遮挡会减少发电量，因此在进行建筑景观设计和绿化种植时，需要避免对光伏组件造成遮挡，以确保其正常工作。

冬季白天时间较短，通常在 9 点至 15 点的 6h 内所接收的太阳辐射量可占全天辐射量的 90% 左右。而在常规建筑中，日照间距一般是按照冬至日正午的太阳高度角确定的，这就会导致冬至日正午前后较长时间的日照遮挡。安装于屋顶的光伏系统一般以光伏发电功能为主，因此需要保证较长的日照时间，并且也较容易实现；而墙面光伏系统主要用于满足建筑效果、建筑功能和装饰效果，故可降低其对日照时间的要求。因此，对于屋顶光伏系统，建议满足冬至日全天有 6h 以上的日照时数；而对于墙面光伏系统，则建议满足冬至日全天至少 3h 的日照时数。

如果建筑物呈东西向长形，受到正南方遮挡，如图 5-4 所示，可以使用以下估算方法来保证正午前后的日照持续时间达到一定的小时数：

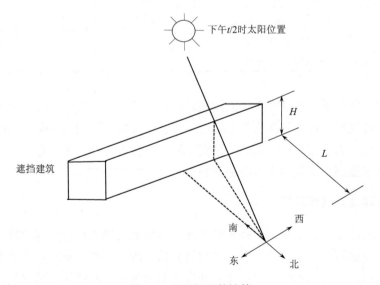

图 5-4 日照间距的计算

$$L_t = H \frac{\cos \gamma_s}{\tan \alpha_s} \tag{5.1}$$

式中，L_t 为保证 t 小时日照的间距，m；H 为南侧遮挡建筑的遮挡高度，m；α_s、γ_s 分别为冬至日当地下午 $t/2$ 时的太阳高度角和方位角。

南侧遮挡建筑的遮挡高度 H 应自光伏建筑南侧接收面的底边算起，具体有三种情况：

(1)接收面底边在首层室内地面标高处(图 5-5(a))；

(2)接收面底边在首层室内地面标高以上(图 5-5(b))；

(3)接收面底边在首层室内地面标高以下(图 5-5(c))。

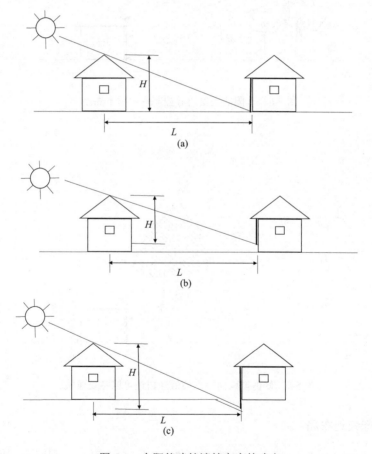

图 5-5　太阳能建筑遮挡高度的确定

如果一天中太阳照射时间不足，就无法高效利用光伏系统。在设计光伏建筑时，需要尽量利用自然条件来避免遮挡，否则太阳能的有效日照时间将会缩短，导致光伏发电量减少，建筑采暖负荷增加。建筑南面应该没有固定的遮挡物，避免周围地形、物体对建筑物在冬季的遮挡。栽种在建筑南面的落叶乔木虽然有夏季遮阳作用，但在冬季剩余的枝干会遮挡 30%～60%的阳光。因此建筑南面的树木高度最好控制在太阳能采集边界以下（图 5-6），或者修剪去低矮的枝叶（图 5-7），这样不仅能让阳光在冬季照射到建筑的南墙，也可以遮挡夏季强烈的阳光。

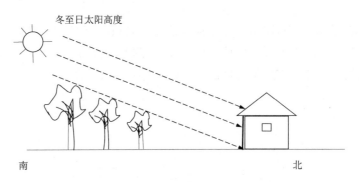

图 5-6　太阳能采集边界控制南向树木高度

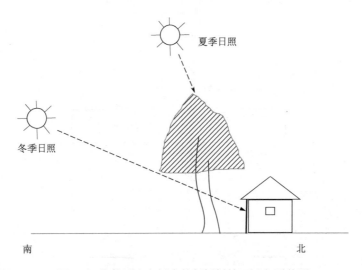

图 5-7　修剪掉南向树木的低矮树枝可以冬夏兼顾

5.2.4　合理规划布局

合理的建筑组团相对位置布局可以达到良好的日照效果，同时也可以利用建筑的阴影来达到夏季遮阳的目的。例如，在图 5-8 中，错位布置多排多列楼栋可以利用山墙空隙争取日照；点式和板式建筑结合布置可以改善日照条件，并提高容积率。

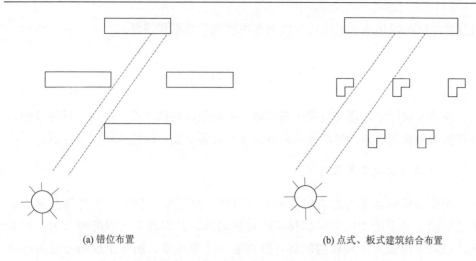

(a) 错位布置　　　　　　　　　　　　　(b) 点式、板式建筑结合布置

图 5-8　建筑组团布局对日照的影响

　　不合理的建筑组团设计不仅会影响日照,还会导致当地冬季寒风的流速增加,给建筑围护结构造成较强的风压, 增加外墙和门窗的冷风渗透, 进而增大室内的采暖负荷。对于高层建筑来说, 不合理的建筑组团设计还会在建筑外部形成狭管效应,导致局部空间某点风速过大、过强,不利于行人在街道上的活动。因此,通过优化建筑布局,也能提高组团内的风环境质量。

　　研究发现, 当风速减小 50%时, 建筑由冷风渗透引起的热损失减少到原来的25%。为了提高户外活动空间的舒适度, 同时也减少建筑由冷风渗透引起的热损失, 冬季防风非常关键。如果建筑物布局紧凑,建筑间距保持在 1∶2(前排建筑高度与两排建筑间距之比)的范围内, 就能使后排建筑避开寒风侵袭。此外, 在建筑组团中,将较高的建筑背向冬季寒风,能够减少冷风对低矮建筑和庭院的影响,从而创造出适宜的微气候。

　　为了有效地减少冬季热损失, 可以在冬季上风向处利用地形或周边建筑物、构筑物以及常绿植被为建筑物竖立起一道防风屏障, 以避免冷风的直接侵袭。适当地布置防风林的高度、密度和间距可以取得很好的挡风效果。研究表明, 对于一个单排高密度的防风林(穿透率为 36%), 距离建筑物 4 倍建筑高度处, 风速可以降低 90%, 同时可以减少受遮挡的建筑物 60%的冷风渗透量, 从而节约 15%的常规能源。

　　还可以通过改造和利用现有的地形和自然条件, 改善建筑的外部热环境。例如, 通过减少硬质地面、提高绿化率、合理配置植物种类以及合理设计水环境等,减少建筑物的冷热负荷。以住宅区为例, 夏季室外环境的温度每升高 1℃, 建筑的制冷能耗就会增加 10%。因此, 除了要考虑建筑的朝向和间距, 还需要合理地规划住宅区的绿化率和绿化均匀度来实现建筑的遮阳和降温。

5.3　建筑设计要求

在建筑设计中，需要贯彻生态理念，始终关注能源效率、环保和可持续性。除有机地融合光伏技术外，建筑自身也必须具备节能、绿色和环保的特点。

1. 合理的建筑平面设计

平面设计时需要考虑建筑的多方面特性，如采暖、降温和采光等要求。建筑需要满足冬季的太阳采暖和夏季的自然通风，并实现最大限度地利用自然采光，以利于降低人工照明的能耗并改善室内光学环境，满足生理和心理的健康需求等。

为了实现建筑内部的合理热工分区，主要采暖房间应该紧靠集热表面和储热体，次要和非采暖房间则应该围绕在它们的北侧和东西两侧。可以根据自然形成的温度分区来布置各种房间，主要使用的房间（长时间停留、温度要求较高的房间）应尽可能放置在利用太阳能较为直接的南侧暖区，并尽量避开边跨；而一些次要房间（停留时间短、温度要求较低的房间）、过道、楼梯间等则可以布置在北侧或边跨，形成温度缓冲区。这样的布局有利于缩小供暖温差，节省供暖蓄热量。

2. 适宜的建筑体形设计

建筑热工学将建筑物的散热面积与建筑体积之比称为体形系数。体形系数越小，散热量就越低，越有利于节能；建筑平面形态越复杂，建筑外表面积越大，能耗损失就越多。从建筑平面形式方面来讲，圆形最有利于节能；正方形也是良好的节能型平面；而长宽比大的平面则是耗能型平面。无论从冬季失热还是从夏季得热的角度观察，这一点的分析结果基本一致。对于耗能型平面结构的建筑，其周边长度相对较大，占地面积较多；同时，用于围护结构的材料和人工成本也相对较高。研究发现，体形系数每增加0.01，耗热量指标就会增加约2.5%。从建筑热工角度来看，采暖建筑的能耗与外表面积大小成正比。因此，应该综合考虑建筑物的体积、平面和高度，选择适当的长宽比，实现合理控制体形系数。

从太阳能利用的角度出发，评价光伏建筑的体形不是以外表面积尽可能小为标准，而是以太阳能接收面足够大，其他外表面尽可能小为评价标准。在考虑光伏建筑的体形系数时，方向性应该得到考虑。应当分析不同方向的围护结构面积与建筑体积之比，并综合考虑建筑的产能、节能效果。

3. 热工性能良好的围护结构设计

强化建筑的保温隔热可以创造出舒适健康的室内热环境。通过改善建筑物围护结构的热工性能，在夏季有效地隔离室外热量，在冬季有效防止室内热量泄漏至室外，使建筑物内部的温度尽可能接近于舒适温度，从而减轻辅助设备(如采暖、制冷设备)的负荷，实现节能。

墙体的热工性能包括保温、隔热、集热、蓄热等特征，其中保温和隔热是基本特征。目前，墙体保温的设计要点包括减小传热系数、防止墙体内部结露以及防止热桥的形成。国内大多数建筑采用外墙外保温技术。这种技术是在主体墙结构外侧固定一层保温材料和保护层，具有保护主体结构、适用范围广、不产生热桥、室温波动小等优点。除保温技术外，墙体的隔热还可以结合光伏组件技术、垂直绿化技术等来实现。

为避免屋顶过大过厚，屋顶保温层不应选择松散密度较大、导热系数较高的保温材料。同时，为防止降低保温效果，也不宜选择吸水率大的材料。可选择挤塑聚苯板等多种保温材料，其导热系数低、不吸水、强度高、施工方便、成本低、工艺简单，经济效益明显，是在建筑屋顶中使用的理想的节能材料。此外，也可以考虑采用架空通风屋顶、坡屋顶或绿化屋顶等技术。

建筑热损失中，70%～80%来源于围护结构的传热热损失，20%～30%来源于门窗缝隙空气渗透的热损失。所以，门窗是围护结构中节能的一个重点部位。门窗的节能可以从以下三个方面进行：减少渗透量、减少传热量和减少夏季太阳辐射。

减少渗透量使得室内外不再直接交换热量，避免增加设备负荷，可以通过采用密封材料提高窗户的气密性来实现。而减少传热量则需要加强窗框和玻璃的绝热性能，采用双层中空玻璃、低辐射镀膜玻璃、断热铝型框等技术，从而降低窗户的总传热系数。另外，在减少夏季太阳辐射方面，应在不影响采光的前提下，加入遮阳构件，利用混凝土、木材、铝合金等材料设计形式各异的遮阳构件，使其具有良好的遮阳效果，降低夏季室内的温度。这样的节能措施可以显著地减小门窗在建筑热损失中所占的比例，实现节能减排的目的。

另外，还应该合理地控制建筑各立面的窗墙面积比例，并确定门窗的最佳位置、尺寸和形式。对于建筑南向立面的窗户，应该在满足夏季遮阳要求的前提下，尽可能增大面积，以更多地吸收冬季太阳辐射热量。而对于建筑北向立面的窗户，应该在满足夏季对流通风需求的情况下，尽量减小窗户的面积，以降低冬季室内的热量散失。

5.4　建筑光伏系统设计要求

光伏建筑需要考虑综合要求，而不是简单地将光伏组件安装在建筑上。为了达到节能环保、安全美观的要求，光伏发电系统需要在建筑设计之初就被纳入整体规划中，充当必不可少的设计元素。需要注意的是，在光伏建筑设计中，建筑本身是主体，光伏系统的设计应该以不影响建筑效果、结构安全、功能和使用寿命为基本原则。任何可能对建筑产生不良影响的设计都应该避免。光伏建筑不仅要满足光伏系统的电气安全性能和发电功能，还需要满足建筑外围护的物理性能和独特的装饰功能要求。因此，在设计光伏建筑时，需要与建筑设计团队密切合作，广泛搜集所在地的地理、气候、太阳能资源等资料，进行环境分析和日照分析，合理构思光伏系统在建筑上的布置方案，统筹布局，确保与建筑风格协调统一。光伏建筑的目标是通过充分发挥光伏发电的功能，实现建筑维护、能源节约、太阳能利用和建筑装饰等多重功能的完美结合。

在设计建筑光伏系统时，需要考虑以下几个方面。

(1)对建筑物所在地的地理位置、气候条件和太阳能资源进行分析。这包括建筑的纬度、经度、海拔等位置信息，以及太阳能总辐射量、直射辐射量、散射辐射量等月度气象数据，还有各月的平均气温、最高和最低气温、持续阴雨天数、平均风速和最大风速，以及冰雹和降雪等特殊气象情况。气象资料准确和完整是建筑光伏系统设计的前提条件，因为这些气象数据直接影响光伏方阵的设计、光伏组件的工作温度、蓄电池的选型等。

(2)建筑朝向及周边场地情况。光伏系统集成在建筑或建筑群体中时，建筑或建筑群体的主要朝向应面向南方。建筑群体的朝向、体形、间距、高低以及周边道路、广场和绿地的布局都会影响场地的微环境。在确保不遮挡邻近建筑日照的前提下，尽量达到太阳辐照面积的最大化。

(3)建筑外形、功能和负荷要求。要将光伏系统与建筑外形设计巧妙地融为一体，使其在满足正常使用要求的前提下，具有更好的视觉美感，同时尽量避免未来光伏组件遭受周围物体遮挡。同时，需要了解建筑的具体功能，分析负载类型、功率大小、运行时间、规律和状况等因素，以对负载耗电量做出相对准确的估计。

(4)光伏系统计算与选型。综合考虑建筑美学等因素，选择光伏系统在建筑上的安装位置，计算光伏组件方阵的最佳倾角、组件的大小和数量，计算蓄电池容量、方阵年发电量等。因为组件发电量的损失并不与它被遮挡的面积成正比，只要被遮挡很小的一部分面积，对光伏发电的性能就有很大影响，所以还需进行阴影分析。基于上述计算结果，进行系统部件选型，包括蓄电池、逆变器、控制器、支架设计等，考虑最大功率跟踪、测量和数据采集设备的设计等，同时需确定组件安装连接方式。

（5）完成配套专业设计。要特别重视建筑结构安全和建筑电气安全的设计，以满足光伏组件所在建筑部位的防火、防雷、防静电等相关功能要求，并且要考虑到建筑节能的要求，从而实现真正意义上的光伏建筑一体化。

1. 气象参数收集

在进行光伏系统设计计算之前，需要收集当地的气象数据资料。通常使用过去 10～20 年的气象资料平均值作为设计依据。当地气象台站通常只提供太阳辐射量的水平面数据，需要通过理论计算对其进行换算，以得出光伏组件表面的实际辐射量。此外，一些地区的气象台站可能没有太阳辐射资料的观测记录，因此需要使用商业软件或经验公式来估算太阳辐射数据。

2. 负载情况分析

计算负载是独立光伏发电系统设计中的一个重要步骤。通常的方法是列出负载名称、功率要求、额定工作电压和每日用电小时数，分别列出交流负载和直流负载。然后将负载和工作电压分组，计算每组的总功率需求。接下来，选择系统的工作电压（一般选择最大功率负载所需的电压作为系统的工作电压），计算整个系统在该电压下所需的平均安时数，即计算所有负载的每日平均耗电量之和。在以交流负载为主的系统中，直流系统电压应与选择的逆变器输入电压相适应。通常，交流负载的工作电压为 220V，直流负载的电压为 12V 或其倍数（如 24V、48V）。负载的确定从理论上讲很简单，但实际上负载要求往往是不确定的。例如，家用电器的功率需求可以从制造商提供的铭牌上获取，但其工作时间并不确定，每天、每周和每月的使用时间都有可能高估，这可能导致系统设计容量和成本的大幅提高。

3. 光伏组件最佳倾斜角的确定

光伏系统的设计中，光伏组件的安装形式和安装角度对于组件所能接收到的太阳辐射量以及光伏系统的发电能力具有很大的影响。光伏组件的安装形式通常有固定安装和自动跟踪两种。固定式光伏系统安装后，组件的方位角和倾斜角无法改变。相比之下，安装了自动跟踪装置的光伏系统能够自动跟踪太阳的方位，确保组件朝向太阳光，接收最大的太阳辐射值。然而，自动跟踪装置比较复杂，且其初投资和维护成本较高。因此，目前许多光伏系统仍采用固定安装方式。

对于固定安装的光伏系统，其效率在很大程度上取决于组件的方位角和倾斜角。只有组件采用最佳的方位角和倾斜角，才能最大限度地减少遮挡物的影响并获得最大的太阳辐射量。受蓄电池荷电状态等因素限制，离网光伏发电系统必须考虑组件平面上太阳辐射量的连续性、均匀性和最大值等因素综合确定最佳倾斜角。而对于并网光伏发电系统，则通常考虑全年获取最大太阳辐射量的要求来确定最佳倾斜角。

一般来说，在北半球的最佳方位是面向正南方向，而最佳倾斜角则为当地纬度的函数：

$$\beta_{opt} = f(\phi) \tag{5.2}$$

式中，β_{opt} 为最佳倾斜角；ϕ 为当地纬度值。

Duffie 和 **Beckman** 的研究结果显示，最佳倾斜角的表达式为 $\beta_{opt} = (\phi + 15°) \pm 15°$；**Lewis** 的研究给出的表达式为 $\beta_{opt} = \phi \pm 8°$。上述结论均未考虑晴空指数的影响，因而有一定的局限性。唐润生和吕恩荣的研究工作指出：由于晴空指数 $\overline{K}_T$ 与散射辐射占比 $\overline{H}_{dh}/\overline{H}_h$ 相关，因而可以把影响倾斜面上太阳辐射量的主要参数归纳为 $K_d = \overline{H}_{dh}/\overline{H}_h$、地理纬度 ϕ 和倾斜角 β 三个量。他们根据我国多个地区的辐射数据，整理得到如下相关关系式：

$$\beta_{opt} = 43.6 + 0.32\phi - 54.3K_d \tag{5.3}$$

使用范围为 $20° < \phi < 38°$，$0.35 < K_d < 0.6$。

另有研究结果表明，组件方位角和倾斜角在最佳值附近一定范围内变化时，对太阳辐射的入射量影响并不显著。

4. 光伏阵列的安装间距

为了避免光伏组件之间互相遮挡影响发电效率，在水平屋顶上安装光伏组件阵列时，需要考虑其安装间距。通常情况下，为了获得全年最大的发电量，光伏组件应朝南安装，并根据地理纬度的不同而倾斜一定角度，该角度可能会因季节和太阳高度角的变化而进行调整，如图 5-9 所示。可按下列公式估算避免光伏组件受障碍物或前排光伏组件遮挡的安装间距：

$$D \geqslant H \times \cot\alpha_s \times \cos\gamma \tag{5.4}$$

式中，D 为光伏组件避免遭受障碍物或前排光伏组件阴影遮挡的最小距离；H 为障碍物或前排光伏组件最高点与光伏组件受光面最低点间的垂直距离；α_s 为所在地冬至日正午时的太阳高度角；γ 为光伏组件的安装方位角。

北半球冬至日太阳赤纬角 $\delta = -23.45°$，正午时太阳高度角 $\alpha_s = 90° - \phi + \delta$。可见，太阳高度角随着纬度的增加而不断减小，相应地，前后两排光伏组件间的安装间距应不断增加。

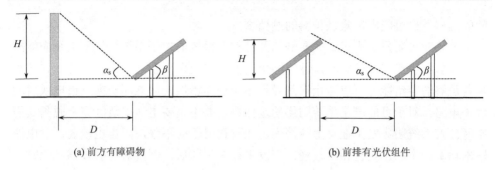

(a) 前方有障碍物   (b) 前排有光伏组件

图 5-9   光伏组件安装间距示意图

若要保证在冬至日上午 9:00 至下午 15:00 时段内，后排的组件不受前排组件的阴影遮挡，则所需前后排间距可按式 (5.5) 计算：

$$D = L\sin\beta\frac{0.707\tan\phi + 0.4338}{0.707 - 0.4338\tan\phi} \tag{5.5}$$

式中，L 为阵列倾斜面长度；ϕ 为项目安装当地纬度；β 为阵列的倾角。

大面积连续铺设光伏组件时，需要预留安装及检修通道。在多雪地区的建筑屋面上安装光伏组件时，应该设置便于人工融雪和除雪的安全通道。由于建筑主体结构在伸缩缝、沉降缝和防震缝等变形缝两侧会发生相对位移，光伏组件跨越变形缝时会面临被破坏的危险，可能导致漏电、脱落等问题，故光伏组件不得跨越建筑变形缝设置。光伏组件的安装还不能影响安装部位的建筑雨水系统设计，以免出现局部积水、防水层破坏、渗漏等问题。

5. 阴影对光伏系统的影响

为顺利利用各种太阳能技术，必须尽可能避免阴影对系统的不利影响。在设计光伏系统时，可能会遇到两种类型的阴影问题：随机阴影和系统阴影。随机阴影指其产生原因、时间和位置都不确定的阴影，虽然短暂的随机阴影不会明显影响组件的输出功率，但在蓄电池的浮充状态下，控制系统可能因功率突变而出现误动作，导致系统运行不可靠。系统阴影则由周围静止不动的建筑物、树木、太阳能设备自身等遮挡产生，如果组件采用阵列式布置，前排电池可能会遮挡后排电池，导致系统阴影出现。此类阴影出现的时间和位置是可预测的，且持续时间可能较长，会对光伏系统的输出功率产生显著影响。

电池若处于阴影之中，虽然仍可接收到散射辐射，但与直射辐射相比，散射辐射的强度很小，从而导致输出功率的显著下降。此外，遮挡物距离电池越近，电池可接收的散射辐射越少；同时，组件越倾斜，越容易被阴影遮挡，也会降低散射辐射的吸收。即使在安装建筑光伏系统时考虑了当前环境的影响，但经过时间的推移，也可能出现难以预料的遮挡物。

消除随机阴影对光伏系统影响的关键在于系统监控子系统。该子系统应能准确预测随机阴影持续的时间，并能够快速响应以及做出正确决策。此外，它还需具备足够的容错能力，以防止误判导致系统动作错误，如立即切换到市电或启动保护电路。对于可能产生系统阴影的遮挡物，并不是要电池安装区完全脱离其阴影区。若系统阴影发生在早上或傍晚，此时直射辐射不强，阴影也较弱，对电池输出功率产生的影响也相对较轻；若发生在中午前后，则直射辐射较强，此时产生的系统阴影影响较大，在进行建筑设计时应尽量避免产生此种阴影区。值得注意的是，对于可能引起遮挡的局部凸起，应尽可能将其布置在北面，从而减少对系统输出功率的影响。

对不可避免的少量阴影遮挡区，不宜选择晶体硅光伏组件，宜选择弱光性能良好的组件，如非晶硅光伏组件。

6. 透光的要求

太阳电池在用于天窗、遮阳板或幕墙等场合时，需要满足一定的透光性要求。晶体硅太阳电池通常不具备透光性，无法直接用于这些场合。为了达到透光效果，太阳电池通常需要使用双层玻璃进行封装，并通过调整电池片间的间隙来控制透光率。由于电池片本身不具备透光性，所以当太阳电池被用于玻璃幕墙或天窗等场合时，其投影图案往往呈现斑点状，如图 5-10 所示。

图 5-10　透明晶体硅光伏组件

如图 5-11 所示，晶体硅光伏组件的透光率可按式(5.6)计算：

$$\tau = \frac{(X \times Z - A_{si} - A_b) \times \tau_c}{X \times Z} \tag{5.6}$$

式中，τ 为光伏组件整体的透光率；X、Z 分别为光伏组件的长度和宽度；A_{si} 为

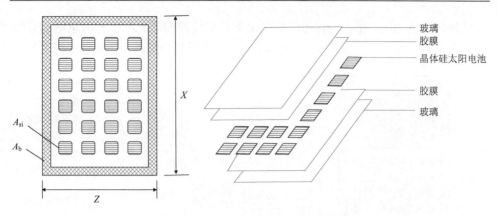

图 5-11　晶体硅光伏组件的透光率计算示意图

组件中所有晶体硅太阳电池的面积总和，若为穿孔性晶体硅太阳电池，则应减去孔洞部分；A_b 为边框面积，若不带边框，则取 0；τ_c 为透明部分的透光率总和，有 $\tau_c = \tau_{c1} \times \tau_{c2} \times \tau_{f1} \times \tau_{f2}$，$\tau_{c1}$、$\tau_{c2}$ 为组件中上下两层玻璃的透光率，τ_{f1}、τ_{f2} 为组件中上下两层胶膜的透光率。

非晶硅、碲化镉和铜铟镓硒等薄膜太阳电池可以制作成多种颜色，投影十分均匀、柔和，透光效果好，如图 5-12 所示。

图 5-12　透明薄膜光伏组件

如图 5-13 所示，薄膜光伏组件的透光率可按式(5.7)计算：

$$\tau = \frac{(X \times Z - A_a - A_b) \times \tau_c + A_a \times \tau_c'}{X \times Z} \tag{5.7}$$

式中，τ 为光伏组件整体的透光率；X、Z 分别为光伏组件的长度和宽度；A_a 为组件中所有薄膜太阳电池的面积总和；A_b 为边框面积，若不带边框，则取 0；τ_c 为透明部分的透光率总和，有 $\tau_c = \tau_{c1} \times \tau_{c2} \times \tau_{c3} \times \tau_{f1} \times \tau_{f2}$，$\tau_{c1}$、$\tau_{c2}$、$\tau_{c2}$ 为组件中

三层玻璃的透光率，τ_{f1}、τ_{f2} 为组件中上下两层胶膜的透光率；τ_c' 为电池部分的透光率总和，有 $\tau_c' = \tau_{c1} \times \tau_{c2} \times \tau_a \times \tau_{f1} \times \tau_{f2}$，$\tau_a$ 为组件中薄膜太阳电池的透光率。

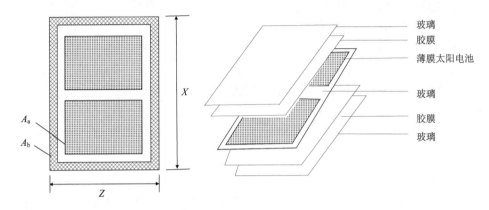

图 5-13　　透明薄膜光伏组件的透光率计算示意图

光伏组件的透光率与成本、发电量成反比，设计时应控制三者的平衡。

7. 系统容量设计

系统容量设计通常有两个方案：其一是基于可安装光伏组件的建筑面积确定 BIPV 系统容量；其二则是考虑建筑物负载要求进行设计。按照建筑物允许安装光伏组件的建筑面积来计算系统容量相对简单，光伏系统规模应在建筑可用面积的限制下确定，同时要考虑系统所需功率，以此选择合适的光伏组件类型。晶体硅光伏组件转换效率高，而薄膜光伏组件的转换效率相对较低。在建筑可用面积较小的情况下，应该使用晶体硅光伏组件；建筑南面立墙的面积较大或者当地温度变化较大的情况下，适宜使用非晶硅光伏组件。按照建筑物要求的负载来确定光伏系统容量相对复杂，需要综合考虑建筑物的电能需求、负载性质等因素，才能计算出最合适的光伏系统容量。

5.5　离网型光伏系统设计

光伏系统设计的基本原则是在能保证负载正常供电的前提下，使用最少的光伏组件和蓄电池容量，以尽量减少投资和降低系统的运行维护成本。

并网型光伏系统通常不需要配置蓄电池组，而是利用电网作为储能装置来实现电能的储存和调节。因此并网型光伏系统可以简化系统结构，降低成本，还可以季节性地调节电网负荷，并网型光伏系统的容量设计也不像离网型光伏系统那样严格。

离网型光伏系统通常需要配置蓄电池储能，在实现光伏与蓄电池的最佳配置时，需要进行较多的计算和设计工作。具体来说，需要首先了解地理及气象资料，包括地理纬度、年平均总辐射量、平均气温等，然后计算五项主要内容：日负载、蓄电池容量、光伏方阵、逆变器及控制器。

离网型光伏系统设计要遵循最差月份法，即按照全年平均辐照最差的月份设计光伏系统。

5.5.1 日负载的确定

日直流负载功耗：

$$Q_{LD} = W_D \cdot T_1 \tag{5.8}$$

日交流负载功耗：

$$Q_{LA} = \frac{W_A \cdot T_2}{\eta} \tag{5.9}$$

日负载总功耗：

$$Q_L = Q_{LD} + Q_{LA} \tag{5.10}$$

式中，Q_{LD}、Q_{LA}、Q_L 分别为日直流负载功耗值、日交流负载功耗值、日负载总功耗值，$W \cdot h$；W_D、W_A 分别为直流负载功率、交流负载功率，W；T_1、T_2 分别为直流负载工作时数、交流负载工作时数，h；η 为逆变器效率。

为计算方便，也可以采用安时数作为日负载功耗的计量单位，即将 $W \cdot h$ 换算成 $A \cdot h$。日直流负载耗电量安时数为 $\frac{Q_{LD}}{U_N}$；日交流负载耗电量安时数为 $\frac{Q_{LA}}{U_N}$；日负载总耗电量安时数为 $\frac{Q_L}{U_N}$。其中，U_N 为系统工作电压，工作电压对直流负载而言就是负载的工作电压，对交流负载而言是逆变器直流端的输入电压。

5.5.2 蓄电池容量的确定

蓄电池容量一般用式(5.11)确定：

$$C_W = \frac{Q_L \cdot N_L \cdot F}{K \cdot DOD} \tag{5.11}$$

式中，C_W 为蓄电池的容量，$W \cdot h$；N_L 为最长连续无日照用电天数；F 为蓄电池放电容量的修订系数，定义为 $F =$ 充电安时数/放电安时数，通常取 1.2；DOD 为蓄电池放电深度，通常取 0.5；K 为包括逆变器在内的交流回路的损耗率，通常取 0.8。

若按通常情况取系数值，即 $F=1.2$，$K=0.8$，$DOD=0.5$，则式(5.11)简化为

$$C_W = 3 \cdot N_L \cdot Q_L \tag{5.12}$$

选择系统的直流电压 U_N：根据负载功率确定系统的直流电压(即蓄电池组电压)，确定的原则如下。

(1)在条件允许的情况下，尽量提高系统电压，以减少线路损失。

(2)直流电压的选择要符合我国直流电压的标准等级，即 12V、24V、48V 等。

(3)直流电压的上限最好不要超过300V，以便于选择元器件和充电电源。

用 C_W 去除以系统的工作电压 U_N，即可得到用安时数表示的蓄电池容量 C：

$$C = \frac{C_W}{U_N} = \frac{3 \cdot N_L \cdot Q_L}{U_N} \tag{5.13}$$

蓄电池组串、并联数的确定：蓄电池组的串、并联数与所选蓄电池组的型号有关，型号不同，则单蓄电池组的容量和标称电压不同，也就影响了串、并联数的确定。

蓄电池组的并联数按式(5.14)计算：

$$N_{bp} = \frac{C}{C_0} \tag{5.14}$$

蓄电池组的串联数按式(5.15)计算：

$$N_{bs} = \frac{U_N}{U_0} \tag{5.15}$$

式中，N_{bp}、N_{bs} 分别为蓄电池组的并联数、串联数；C 为蓄电池容量，$A \cdot h$；C_0 为单蓄电池组的容量，$A \cdot h$；U_N 为系统的直流电压，V；U_0 为单蓄电池组的标称电压，V。

通常单串蓄电池的容量由设计者选择的蓄电池型号确定，若选择蓄电池的容量大，则蓄电池的并联数减少。如果 $C_0 > C$，则选择 $N_{bp}=1$。

在选择蓄电池型号时，需要注意如下几点。

(1)蓄电池类型：从容量、性价比、维护等方面选择蓄电池类型。

(2)自给天数：综合考虑负载对电源的要求，通常将蓄电池自给天数设置为大于安装地点的最大连续阴雨天数。对电源要求不严格的负载，自给天数为 3～5 天；对电源要求严格的负载，自给天数为 7～14 天。

(3)电压匹配：注意负载工作电压、光伏阵列输出电压、蓄电池组电压之间的匹配以及损耗。系统低压工作，线路的电流增大，损耗增大；系统工作电压过高，设备和器件成本增加、安全性降低。实践中，若要简便估算光伏阵列的输出电压，可以取蓄电池组额定电压的1.43倍。

5.5.3　光伏方阵的确定

首先，可按照前述内容确定光伏阵列的最佳安装倾角。

在实际中，根据当地的纬度可以粗略地给出光伏阵列的安装倾角如下。

(1)纬度 ϕ 在 $0°\sim25°$，安装倾角 $\beta=\phi$。

(2)纬度 ϕ 在 $26°\sim40°$，安装倾角 $\beta=\phi+(5°\sim10°)$。

(3)纬度 ϕ 在 $41°\sim55°$，安装倾角 $\beta=\phi+(10°\sim15°)$。

(4)纬度 $\phi>55°$，安装倾角 $\beta=\phi+(15°\sim20°)$。

其次，确定光伏阵列功率。光伏阵列的峰值功率(即光伏系统的装机容量)计算公式为

$$P_{\mathrm{m}}=\frac{Q_{\mathrm{L}}\cdot F}{K\cdot T_{\mathrm{m}}} \tag{5.16}$$

如前所述，可取 $F=1.2$，$K=0.8$，则可简化为

$$P_{\mathrm{m}}=\frac{1.5\times Q_{\mathrm{L}}}{T_{\mathrm{m}}} \tag{5.17}$$

式中，T_{m} 为光伏阵列倾斜面上的日平均峰值日照时数。峰值日照时数是将太阳辐射量折合成辐照度为 $1000\,\mathrm{W/m^2}$ 的日照时数。T_{m} 可按式(5.18)计算：

$$T_{\mathrm{m}}=\frac{K_{\mathrm{op}}\cdot H_{\mathrm{A}}}{3.6\times365} \tag{5.18}$$

式中，K_{op} 为当地的斜面修正系数，定义为 $K_{\mathrm{op}}=\dfrac{倾斜面太阳辐射量}{水平面太阳辐射量}$；$H_{\mathrm{A}}$ 为水平面年太阳辐射量，单位为 $\mathrm{MJ/(m^2\cdot a)}$；3.6 为单位换算系数，$3.6=\dfrac{1\mathrm{kW}\cdot\mathrm{h}}{1\mathrm{MJ}}$。如果式中 H_{A} 用日平均辐射量计算，则分母中不需要 365。

实际光伏系统中，通常需要将多个同种组件通过合理的串并联连接在一起，形成高电压、大电流、大功率的功率源。组件串联时，电流恒定，总电压是单个组件电压之和。光伏组件的串联数也就是单串光伏组件的连接块数为

$$N_{\mathrm{S}}=\frac{U_{\mathrm{N}}}{U_{\mathrm{B}}} \tag{5.19}$$

式中，N_{S} 为组件的串联数；U_{N} 为系统的直流电压；U_{B} 为光伏组件的标准电压。光伏组件串联数太少时，光伏输出电压低于蓄电池浮充电压，阵列不能对蓄电池有效充电；串联数太多时，光伏输出电压远高于蓄电池浮充电压，蓄电池的充电电流不会明显增减，压降主要消耗在线路和内阻上。

由光伏阵列的输出总功率：

$$P_m = N \cdot P_0 = N_S \cdot N_P \cdot P_0 \tag{5.20}$$

可以得出组件的并联数为

$$N_P = \frac{P_m}{N_S \cdot P_0} \tag{5.21}$$

式中，N_P 为组件的并联数；P_0 为光伏组件的峰值功率，$P_0 = U_m \cdot I_m$，U_m 为光伏组件最佳工作电压，V，I_m 为光伏组件最佳工作电流，A。

简单计算光伏阵列的方法为

$$光伏组件串数 = \frac{日负载需求(A \cdot h) \times 1.11}{光伏组件日输出(A \cdot h) \times 0.9} \tag{5.22}$$

式中，光伏组件日输出，可以通过将全年的月平均太阳辐照值最低的时数，化为日均峰值日照时数，乘选用的光伏组件最大功率点电流来求得；1.11 是考虑光伏组件给蓄电池充电的效率的修正系数；0.9 是考虑光伏组件衰减和灰尘等因素引起的光伏组件损失的修正系数。

5.5.4 逆变器的确定

$$逆变器的功率 = 阻性负载功率 \times (1.2 \sim 1.5) + 感性负载功率 \times (5 \sim 7) \tag{5.23}$$

方波逆变器和阶梯波逆变器大多用于1kW以下的小功率光伏发电系统；1kW以上的大功率光伏发电系统多数采用正弦波逆变器。

光伏方阵需与逆变器相匹配，包括电压匹配、电流匹配和功率匹配。

(1)光伏方阵与逆变器电压匹配。逆变器存在一个电压工作范围(即在最小工作电压和最大工作电压之间)，电压匹配是指光伏方阵的输出电压应时刻处于逆变器的工作范围内。同时逆变器还存在一个最大功率跟踪范围(即在最小跟踪电压和最大跟踪电压之间)，若超出最大功率跟踪范围但未超出工作范围，逆变器仍然能够进行工作，但是不能保证实现最大功率跟踪。

(2)光伏方阵与逆变器电流匹配。对于电流，应保证阵列的输出电流处于逆变器的最大输入电流范围内。

(3)光伏方阵与逆变器功率匹配。在符合电压范围和电流范围的前提下，应使得阵列的输出功率接近逆变器的额定功率，以求获得最高的逆变效率。

5.5.5 控制器的确定

控制器所能控制的光伏方阵最大电流就是阵列的短路电流：

$$I_{Fsc} = N_P \times I_{sc} \times 1.25 \tag{5.24}$$

式中，I_{Fsc} 为阵列最大电流，A；N_P 为并联数；I_{sc} 为组件的短路电流，A；1.25

为安全系数。

控制器的最大负载电流为

$$I = \frac{1.25 \times P_{\mathrm{L}}}{K_{\mathrm{C}} \cdot U_{\mathrm{N}}} \tag{5.25}$$

式中，I 为控制器的最大负载电流，A；P_{L} 为日负载总功率值，W；K_{C} 为损耗系数，取 0.8。则式(5.25)可简化为

$$I = \frac{1.56 \times P_{\mathrm{L}}}{U_{\mathrm{N}}} \tag{5.26}$$

按照以上步骤，逐步确定蓄电池、光伏方阵、逆变器、控制器的容量和数量参数，完成容量设计。

例 5.1 某家庭所用负载情况如表 5-2 所示。当地的年平均太阳总辐射量为 $6210\mathrm{MJ/m}^2$，最大连续无日照用电天数为 3 天，试设计光伏供电系统。

表 5-2　家庭用电情况

设备	负载	数量	日工作时间/h
照明	220V/15W	3	4
卫星接收器	220V/25W	1	4
电视机	220V/110W	1	4
洗衣机(感性负载)	220V/250W	1	0.8

解： (1)用电设备总功率为

$$P_{\mathrm{L}} = 15\mathrm{W} \times 3 + 25\mathrm{W} + 110\mathrm{W} + 250\mathrm{W} = 430 \ \mathrm{W}$$

(2)用电设备一天的用电量为

照明用电量：　　　　　$Q_1 = 15\mathrm{W} \times 3 \times 4\mathrm{h} = 180 \ \mathrm{W} \cdot \mathrm{h}$

卫星接收器用电量：　　$Q_2 = 25\mathrm{W} \times 4\mathrm{h} = 100 \ \mathrm{W} \cdot \mathrm{h}$

电视机用电量：　　　　$Q_3 = 110\mathrm{W} \times 4\mathrm{h} = 440 \ \mathrm{W} \cdot \mathrm{h}$

洗衣机用电量：　　　　$Q_4 = 250\mathrm{W} \times 0.8\mathrm{h} = 200 \ \mathrm{W} \cdot \mathrm{h}$

总用电量：　　　　　　$Q_{\mathrm{L}} = 180 + 100 + 440 + 200 = 920(\mathrm{W} \cdot \mathrm{h})$

(3)确定系统的直流电压 U_{N}。

本系统功率较小，选择 $U_{\mathrm{N}} = 12\mathrm{V}$，逆变器 12V 变 220V，不考虑逆变器损耗。

(4)确定电池容量 C。

由式(5.12)可得

$$C_{\mathrm{W}} = 3 \cdot N_{\mathrm{L}} \cdot Q_{\mathrm{L}} = 3 \times 3 \times 920 = 8280(\mathrm{W} \cdot \mathrm{h})$$

代入式(5.13)得

$$C = \frac{C_W}{U_N} = \frac{8280 \text{W} \cdot \text{h}}{12 \text{V}} = 690 \text{ A} \cdot \text{h}$$

根据计算结果，可选用 7 只12V100A·h 的蓄电池并联。

(5)确定光伏方阵。

方阵的倾角一般需根据当地的纬度或 BIPV 设计调整。此处为计算简便起见，假设水平布置，则斜面修正系数 $K_{op} = 1$，由此确定日平均峰值日照时数为

$$T_m = \frac{K_{op} \cdot H_A}{3.6 \times 365} = \frac{1 \times 6210}{3.6 \times 365} = 4.73 \text{(h)}$$

代入式(5.17)得光伏阵列的峰值功率为

$$P_m = \frac{1.5 \times Q_L}{T_m} = \frac{1.5 \times 920 \text{W} \cdot \text{h}}{4.73 \text{h}} \approx 291.8 \text{ W}$$

光伏方阵选用 100W(36 片串联，电压约 17.5V，电流约 5.71A)组件 3 块并联。

(6)确定逆变器。

由式(5.23)可得

逆变器的功率 = 阻性负载功率×(1.2～1.5) + 感性负载功率×(5～7)

$$= 180 \text{W} \times 1.5 + 250 \text{W} \times 6$$

$$= 1770 \text{ W}$$

(7)确定控制器。

阵列最大电流(短路电流用组件最佳工作电流代替)，由式(5.24)得

$$I_{Fsc} = N_P \times I_{sc} \times 1.25 = 3 \times 5.71 \times 1.25 = 21.4 \text{(A)}$$

最大负载电流，由式(5.26)得

$$I = \frac{1.56 \times P_L}{U_N} = \frac{1.56 \times 430}{12} = 55.9 \text{(A)}$$

故控制器和逆变器可选用 2000W 的设备，如逆控一体机。

5.6　光伏系统发电量计算

需要对光伏系统发电量进行理论上的分析，以便估算投资效益。

离网型和并网型光伏系统可以分为两种情况计算发电量：已知一定面积的系统和已知安装容量的系统。

已知一定面积的系统发电量计算：根据全年发电量最大或冬季发电量最大确定阵列倾角；根据阵列的高度确定阵列间距；确定组件的安装数量；确定阵列总

的安装容量；确定总发电量。

已知安装容量的系统发电量计算：根据全年发电量最大或冬季发电量最大确定阵列倾角；根据阵列的高度确定阵列间距；确定组件的安装面积；确定发电量。如果仅为估算系统的发电量，可以不需要知道安装面积和间距的值。

根据国家标准《光伏发电站设计规范》中的要求：光伏发电站发电量计算应考虑站址所在地的太阳能资源情况、光伏发电站系统设计情况、光伏阵列布置和环境条件等各种因素。

有以下四种计算发电量的方法。

1. 根据辐射量计算

$$E_p = \frac{H_A \cdot P_m \cdot K}{E_a} \tag{5.27}$$

式中，E_p 为发电量，$kW \cdot h$；H_A 为水平面太阳年总辐射量，$kW \cdot h/m^2$；P_m 为系统安装容量，kW；$E_a = 1000 W/m^2 = 1kW/m^2$，为标准条件下的辐照度，是常数；$K$ 为综合效率系数，取值在 $75\% \sim 85\%$。

综合效率系数 K 是考虑了各种影响因素后的修正系数，其中包括：

(1) 光伏组件类型修正系数；

(2) 光伏方阵的倾斜角、方位角修正系数；

(3) 光伏系统可用率；

(4) 光照利用率；

(5) 逆变器效率；

(6) 电缆损耗；

(7) 升压变压器损耗；

(8) 光伏组件表面污染修正系数；

(9) 光伏组件转换效率修正系数。

2. 根据组件面积-辐射量计算

$$E_p = H'_A \cdot S \cdot K_1 \cdot K_2 \tag{5.28}$$

式中，H'_A 为倾斜面太阳年总辐射量，$kW \cdot h/m^2$；S 为组件面积总和，m^2；K_1 为组件转换效率系数；K_2 为系统综合效率系数。

综合效率系数 K_2 是考虑了以下各种因素影响后的修正系数。

(1) 线损：交直流配电房和输电线路损失约占总发电量的 3%，相应修正系数取为 97%。

(2)逆变器损耗：大型逆变器效率为 95%~~98%。

(3)工作温度损耗：光伏组件的效率会随着工作温度变化而变化，当温度升高时，光伏组件发电效率会呈降低趋势。一般而言，工作温度损耗平均值在 2.5%。

(4)其他因素损耗：除上述因素外，还包括最大功率点跟踪精度、电网吸纳等不确定因素，相应的修正系数取为 95%。

这种方法是第一种方法的变化，适用于倾斜安装的光伏系统，只要得到倾斜面上的辐射量，就可以计算出较准确的数据。

3. 根据峰值日照时数-安装容量计算

根据峰值日照时数计算系统发电量，是第一种方法的简化。

$$E_p = T_m \cdot P_m \cdot K \tag{5.29}$$

式中，T_m 峰值日照时数，h；K 为综合效率系数，取值在 75%~85%。

4. 经验系数法

光伏系统年均发电量可表示为

$$E_p = P_m \cdot K' \tag{5.30}$$

式中，K' 为经验系数，根据当地日照情况，一般取为 0.9~1.8，单位为 h。

这种计算方法是根据当地光伏项目的实际运营经验总结而来的，是估算年均发电量最快捷的方法。

四种方法中，第一种和第三种的得数是相同的，因为峰值日照时数的定义为总辐射量换算成 1000W/m² 辐照度下的小时数；而第四种方法计算误差大，但最容易估算；第二种方法受组件转换效率数值精度的影响，计算误差一般介于前两者中间。

第6章 光伏建筑一体化设计形式

通过合理的设计，光伏组件可以有机集成到建筑物或构筑物的围护结构中，实现一体化设计。集成方式有两种：一种是将光伏组件制成建筑构件的形式，既能作为建筑材料使用，又能够利用太阳能发电；另一种则是以附加的方式与建筑结合在一起。光伏建筑一体化并非简单地将光伏组件与建筑相加，而是要根据节能、环保、安全、美观和经济实用的整体要求，将光伏发电作为建筑的一种体系，纳入建筑工程基本建设程序，进行同步设计、施工和验收，与建设工程同时投入使用，从而使其成为建筑的有机组成部分。

6.1 光伏组件与建筑的结合形式

典型的 BIPV 玻璃光伏组件按照结构可以分为常规光伏组件、夹层玻璃光伏组件和中空玻璃光伏组件。

夹层玻璃光伏组件的结构由两片钢化玻璃和中间的太阳电池片复合层构成，太阳电池片之间通过导线串联或并联连接后汇集至引线端输出。在夹层玻璃光伏组件中，玻璃均为钢化玻璃，且为确保具有更好的透光性，向光一面的玻璃必须是超白钢化玻璃。因此，它也称为钢化玻璃组件。其中用来黏合玻璃和电池片的胶片通常采用 EVA(乙烯-醋酸乙烯共聚物)或者 PVB(聚乙烯醇缩丁醛)，如图 6-1 所示。

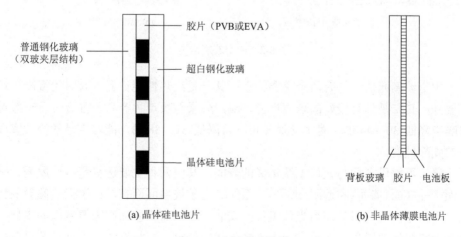

(a) 晶体硅电池片　　　　　　(b) 非晶体薄膜电池片

图 6-1　夹层玻璃结构

夹层玻璃光伏组件的特性包括如下几项。

(1)安全性。夹层玻璃的结构使其不易被击穿，破碎时碎片不易飞散，具有较高的安全性。

(2)节能性。夹层玻璃具有良好的隔热效果，可有效地减少建筑耗能，节电节能。

(3)隔音性。夹层玻璃对声波具有良好的阻挡效果，从而实现隔音功能。

(4)防紫外线。夹层玻璃能够有效地阻挡紫外线的传播，从而保护室内家具、物品，避免它们因长时间暴露在紫外线下而出现褪色等问题。

中空玻璃结构由两片或多片玻璃组成，玻璃之间保持一定的间隔，周边用密封材料包裹并填充干燥的空气。当光伏组件与中空玻璃结合时，有两种基本形式：一种是将钢化玻璃夹层结构和另一块玻璃一起组成中空结构，如图 6-2(a)所示；另一种是将电池片安放在中空玻璃的空腔内，通过导线将电池片串联或并联，引出后用间隔条和密封胶加以固定，如图 6-2(b)所示。

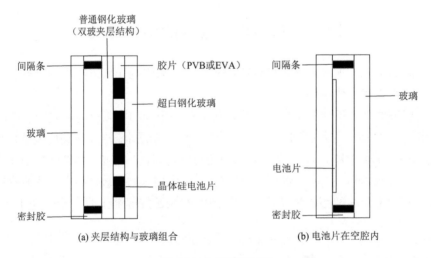

(a)夹层结构与玻璃组合　　　　　　　　(b)电池片在空腔内

图 6-2　中空玻璃结构

中空玻璃光伏组件有两个重要特点：其一是绝热性能优良，有时比混凝土墙还要好；其二是具有较好的隔声性能，隔声效果与噪声种类和声强有关。一般可将噪声降低 30～44dB，对于交通噪声，可降低 31～38dB，能够满足学校教室要求的安静程度。

建筑可提供多种与光伏系统集成的表面，其中四种主要选择是：坡屋面、平屋面、外立面(墙面)和遮阳(或采光)系统。对于坡屋面而言，由于天然倾斜的特点，可以方便地利用其作为光伏组件的安装平台；而平屋面则需要专用的支架结构来调整组件的倾角；在外立面上安装光伏组件时，需将电线和汇流箱等设备隐藏起来，这要求具有更高的安装技术；第四种类型是通过遮阳和采光系统整合光伏组件，需要使用遮光元件、百叶窗、阳台或天窗等特殊装置。

表 6-1 是光伏组件与建筑结合的主要形式。

表 6-1　光伏组件与建筑结合的主要形式

实现形式	组件要求	建筑要求	类型
屋顶光伏电站	普通光伏组件	无	BAPV
光伏屋顶	普通光伏组件或光伏瓦	无采光要求	BIPV
光伏采光顶(天窗)	透明光伏组件	有采光要求	BIPV
墙面光伏电站	普通光伏组件	无	BAPV
光伏幕墙(非透明)	非透明光伏组件	非透明幕墙	BIPV
光伏幕墙(透明)	透明光伏组件	透明幕墙	BIPV
光伏遮阳板(非透明)	非透明光伏组件	无采光要求	BIPV
光伏遮阳板(透明)	透明光伏组件	有采光要求	BIPV

6.2　坡屋面集成光伏

在居住建筑中，斜屋顶结构非常常见，只要其斜坡大致朝向赤道，就是四种类型中最适合安装光伏设备的。

从构造角度来看，坡屋面布置光伏组件可分为两种方式：一种是在已有的屋面系统上铺设光伏组件，即顺坡平行架空安装；另一种是将光伏组件集成到屋面系统内，即顺坡嵌入式安装。前一种方式中，光伏组件和原有的屋面系统相互独立，光伏组件只负责发电，构造处理时需要注意连接件不能破坏原有防水层，并需充分考虑风荷载作用。针对不同的屋面材料(如瓦、金属)，连接方式也有所不同。而后一种方式更适合在新建建筑中应用，光伏材料和屋面系统合二为一，具有光伏发电、保温防水、防噪等多种功能，结构更可靠，但造价较高。

6.2.1　对屋面的要求

集成光伏对屋面(包括平屋面)及系统的基本要求有如下几项。

(1)屋顶必须具备荷载、自重、积雪、风压等多种承载能力，以满足安装光伏组件时的需要。

(2)光伏组件方阵要进行耐风抗压、地震等强度计算，并考虑漏水问题，确保不会对房屋及系统造成损害。

(3)支架支撑金属件以及它们的连接部分，须具备抵抗固定荷载、风压、积雪、地震等外部荷载的能力，以保证房屋和系统的安全。

(4)所有支撑金属件和其他安装材料，均应采用耐用材料，能够长期在室外使用。

(5)对于盐雾和雷击环境，应根据安装区域和场所选择符合使用要求的材料和部件作为支撑结构。

(6)必须对屋面构造材料和支撑金属件的结合部位进行防水处理，以确保屋面的防水性能。

(7)光伏组件到室内的配线应满足电气设备技术基准的规定，并采取相应的保护措施。

(8)光伏组件的安装作业和电气施工必须遵守相关劳动安全卫生法律法规，确保作业者的安全。

(9)对在作业场所的屋顶附近有配电线和其他建筑物的场合，应与电力公司协商并采取相应的保护措施，以避免触电事故的发生。

在坡屋面上的特定要求有如下几项。

(1)为了获得较多太阳光，屋面坡度宜结合光伏组件接收阳光的最佳倾角确定，一般情况下可根据当地纬度±10°来选择。

(2)安装在坡屋面上的光伏组件应根据建筑设计要求，选择适当的安装方式，包括顺坡平行架空安装和顺坡嵌入式安装。

(3)光伏组件支架应牢固连接预埋件，并采取防水措施以确保防水性能。

(4)光伏组件与坡屋面结合处应保证雨水能够畅通排放。

(5)顺坡嵌入在坡屋面上的光伏组件与周围屋面材料的连接部位应做好防水构造处理，以确保整个系统的防水性能。

(6)光伏组件顺坡嵌入在坡屋面上时，不能降低屋面的保温隔热和防水等性能。

(7)顺坡平行架空安装的光伏组件与屋顶之间应保留大于 100mm 的通风间隙，以加强通风降温效果，并保证组件的安装维护空间。

6.2.2　顺坡平行架空安装

顺坡平行架空安装是将光伏组件通过支架架空在坡屋面上，使其与支架的倾角与屋面坡度相同，如图 6-3、图 6-4 所示。这种安装方式对屋面防水影响较小，仅需要在基座处采取防水措施即可。此外，这种方式方便组件的接线和背板的通风，但也会对屋面外观造成一定的影响。

在选择光伏组件时，可选择晶体硅组件，并采用铝合金或不锈钢零部件作为连接件和型材。

图 6-3　顺坡平行架空安装示意图

图 6-4　顺坡平行架空安装

对于自身坡度不够大需要增大光伏组件倾角的坡屋面，可采用组件前后不同高度的支架来加大组件的安装倾角，从而提高组件面上的太阳辐照度。

6.2.3　顺坡嵌入式安装

嵌入式安装结构是一种新型的结构形式，将光伏组件作为建筑物的一部分替代某些建筑构件，如图 6-5、图 6-6 所示。在建筑物设计之初就通过设计、计算将

图 6-5　顺坡嵌入式安装示意图

图 6-6　顺坡嵌入式安装

组件的安装构件与建筑构件融为一体,这样安装后的光伏组件不仅具备普通建筑屋顶的防雨和遮阳功能,还可以发电。

顺坡嵌入式安装结构中,光伏组件是一种集屋面和光伏发电单元于一体的建材,需要考虑系统框架能否承担传统屋面的所有功能,并与建筑物的其他结构完全安全连接以便于日常维护。防水处理也是一个关键难点,因为它既要接纳导引屋面雨水径流,防止滴漏和渗透,又要承担起屋面的排水和防雨功能。

顺坡嵌入式安装是将光伏组件嵌入在屋面中,使其表面与屋面瓦齐平,从而对屋面外观影响较小。但这种方式需要考虑组件周边防水面积与背板通风散热问题,可以在光伏组件的底部预留进风口并在顶部开出风口,以产生自然通风效果。

6.2.4　光伏瓦安装

光伏瓦安装是一种将光伏系统与坡屋面结合的新方式。光伏瓦是一种建筑材料,通过将光伏组件嵌入支撑结构的方式,让它们成为建筑材料的一部分。光伏瓦安装就是用属于建材型光伏构件的光伏瓦替代传统的瓦片,就像安装传统瓦片一样将其直接应用于屋顶的屋面结构上。这种做法将光伏组件视为建筑不可分割的构件,实现了光伏建筑的一体化,从而形成了带有光伏发电功能的屋顶,称为光伏瓦屋顶。

对光伏瓦的设计要求主要有如下几项。

(1)安全。

光伏瓦铺设在建筑物的最顶端,必须能够经受住外力冲击,如雨雪、冰雹以及一些人为因素等,一般采用钢化玻璃作为保护材料。另外,光伏瓦用的 PVB 胶片有良好的黏结性、韧性和弹性,具有吸收冲击的作用。即使光伏瓦损坏,碎片也会牢牢黏附在 PVB 胶片上,不会脱落四散伤人,从而使可能产生的伤害减少,提高建筑物的安全性能。

(2)外观。

光伏瓦的外观直接影响着建筑物的整体效果，在设计时应时刻与建筑外观保持一致性，达到与建筑物的完美结合。

(3)功能。

光伏瓦要实现双重功能，既能将太阳能转换为电能，又要具备普通瓦片的功能，如防雨防漏、保温隔热等，在结构设计和材料选择上需要同时考虑这些要求。

(4)结构。

光伏瓦的结构设计应方便安装操作，不破坏原有的建筑物防护层，在安装过程中简单易操作，不需要配备专业安装人员及设备，以降低成本。

光伏瓦具有四大特点：高效隔热、防水、发电、寿命长。

(1)高效隔热。

光伏瓦与建筑屋面实现一体化融合，利用太阳能发电，将 20%左右的太阳能转化为电能，避免热量在建筑屋面积聚，减少传导至建筑保温层和室内的热量，具有显著的隔热效果。在夏季高温天气中可以大幅减少空调的使用，达到了产能和节能的双重目的。

(2)防水。

通过专业的互搭边角、防水线、挡风线设计，使光伏瓦在一般风雨天气具有良好的防雨水渗漏功能，因此光伏瓦屋顶具有良好的一次防水性能。在暴风雨天气，则需要在屋面下层做二次防水处理，主要是防止大风在屋面内自由流动造成真空，使雨水倒灌屋面。

(3)发电。

光伏瓦将光伏组件和瓦片完美地结合起来，在保持原有建筑风格的基础上，还具备发电功能。

(4)寿命长。

光伏瓦使用寿命可达 30 年以上。由于其渗水率远小于普通建筑瓦片，因此不易受寒冷天气的影响，不会因水分在瓦片内部结冰而缩短瓦片的使用寿命。

根据太阳电池的种类，光伏瓦可分为晶体硅电池光伏瓦和薄膜电池光伏瓦。其中，晶体硅电池光伏瓦是将晶体硅电池与屋面瓦结合在一起的产品。由于受晶体硅电池弯曲度的限制，目前应用最广泛的晶体硅电池光伏瓦主要是平板形状，如图 6-7 所示。此类光伏瓦直接铺在屋面上，不需要安装支架，光伏组件已经嵌入瓦片内，其形状、尺寸、铺装时的构造方法都与平板式的屋面瓦类似，可以单独铺设平板光伏瓦，也可以和普通瓦片搭配使用，如图 6-8 所示。

图 6-7　平板光伏瓦

图 6-8　平板光伏瓦安装

　　有些设计从光伏瓦的瓦板着手改进，通过调整其颜色和形状来提升平板光伏瓦的视觉效果。典型的例子是光伏陶瓷瓦，该瓦板采用复合陶瓷材料制成，利用自动化安装工艺与晶体硅太阳电池相结合，如图 6-9、图 6-10 所示。

图 6-9　光伏陶瓷瓦

图 6-10　光伏陶瓷瓦安装

　　为改善平板型晶体硅电池光伏瓦的外观单一性，弧形晶体硅光伏瓦采用与传统标准屋面瓦相似的外形结构。它将柔性晶体硅光伏技术与建筑瓦片结构结合进行创新设计，以取代传统的水泥和陶土瓦片。此外，该光伏瓦表面采用钢化玻璃作为保护层，如图 6-11、图 6-12 所示。

图 6-11　弧形晶体硅光伏瓦　　　　图 6-12　弧形晶体硅光伏瓦安装

　　相比晶体硅太阳电池，柔性薄膜太阳电池更适合做成曲面瓦形。将柔性薄膜太阳电池封装在曲面玻璃与高分子复合材料之中，然后与传统屋面瓦的形态结合，创造出全新的绿色建筑材料。可全面替代传统的屋面瓦，成为节能建筑的理想选择。在瓦片的边缘通过导线将电能汇集到接线盒，通过接线盒和其他的光伏瓦连接，如图 6-13、图 6-14 所示。

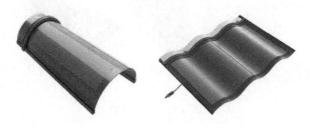

图 6-13　筒瓦和三曲瓦

图 6-14　曲面瓦安装

6.2.5　柔性组件安装

　　柔性组件是一种新型组件，是将太阳电池封装在具有韧性的组件基材内，重量更轻、厚度更薄且柔韧性更佳，如图 6-15 所示。这种组件背板通常选用金属或化工塑料材质，具有一定的屈曲特性，面板采用透光性强、耐候性好的合成材料。由于背板和面板的工艺及材质方面没有统一标准，因此柔性组件的使用效果和寿命各不相同。总体而言，与常规钢化玻璃面板的晶体硅组件相比，柔性组件在各项发电指标上表现略有弱化。

图 6-15　柔性组件

　　柔性组件种类包括晶硅柔性组件和薄膜柔性组件。相比于晶硅柔性组件，薄膜柔性组件温度系数较小，因此在屋顶安装时，尤其在安装倾角较小导致组件散热条件受限的情况下，薄膜柔性组件的功率输出特性更加优异。此外，薄膜柔性组件还具有弱光优势，在较低太阳辐照度的情况下，如早上、傍晚和阴雨天，由于薄膜电池的光吸收系数较高，薄膜柔性组件表现出比晶硅柔性组件更优的发电性能，特别是当组件以并非最佳倾角安装时，这一优势更加明显。

　　与常规光伏组件相比，柔性组件具有明显的轻、薄、可弯曲等特点。由于这种特点，它可以平铺安装，不仅适用于斜屋顶，还可安装于平屋顶、彩钢瓦屋顶等分布式电站场景中。另外，柔性组件也可以应用于特色景观灯、便携移动电源、机器人和户外活动用帐篷等特殊场景。柔性组件可以直接粘贴在屋顶上，无需支架或其他安装系统，如图 6-16 所示。

图 6-16　柔性组件安装

　　若在低承载的场合下(如彩钢瓦屋顶、支架承重能力不足等)安装柔性组件，则需要在组件背面加上一块支撑板(如铝板、环氧树脂板等)，如图 6-17 所示。支撑板的外形尺寸应不小于柔性组件尺寸，支撑板与柔性组件之间应先进行结构胶预黏结后再进行安装，可以选择采用工业用结构胶黏结或螺栓连接方式进行安装。

图 6-17　柔性组件彩钢瓦屋顶安装

6.3　平屋面集成光伏

平屋面在提供合适场地供光伏组件安装方面有很大潜力。我国城市住宅和公共建筑主要采用的是平屋面，有研究表明，大型工厂、办公室和公寓大楼都可以提供平均25%底层面积的屋面安放光伏装置。通常，由于光伏组件能够遮挡阳光，因此在平屋面上安装光伏系统可以减少建筑热负荷。

平屋面集成光伏对于屋面的基本要求同坡屋面。在平屋面上的特定要求有如下几点。

(1)光伏组件周围屋面、检修通道、屋面出入口以及人行通道上面应设置保护层保护防水层，一般可铺设水泥砖。

(2)光伏组件的引线穿过屋面处，应预埋防水套管，并作防水密封处理。防水套管应在屋面防水层施工前完成埋设。

除前述柔性组件安装外，光伏组件在平屋面上的布置方式有支架式安装和嵌入式安装两种。支架式安装构造简单，适用于各类平屋面建筑，容易推广。支架式安装光伏组件和建筑之间的联系比较松散，一体化程度低，因此对提升建筑美观的作用有限。嵌入式安装光伏组件的使用可以与被动式太阳能利用、自然采光相互协调，有利于降低建筑能耗。但水平布置的光伏组件难以利用雨水自洁，其面上累积的灰尘和树叶会降低其发电效率，因而需要定期清扫。对于具备天窗要求的建筑，可以同时采用支架和嵌入两种方式来布置平屋面光伏系统。其中不需要天窗的部分采用支架式，天窗部分采用嵌入式。

6.3.1　支架式安装

支架式安装是将光伏组件固定在支架上，再通过基座固定在屋面上，如图6-18所示。这种安装方式中光伏组件以倾斜面接收太阳辐射，布置时具有较大的自由度和灵活性，可以调整光伏阵列的倾斜角、方位角以及前后组件之间的间距，从而避免阴影对发电效率的影响，实现发电效益最大化。

对于荷载量较小、没有人员在上面活动的水泥平屋面，在安装支架时，可以使用螺栓将其固定在屋面结构上，并预先埋入地脚螺栓，以保证安装面的稳定性，如图6-19所示。

图6-18　支架式安装示意图

图 6-19　螺栓固定支架安装

对于荷载量较大、有人员在上面活动的水泥平屋面，一般需要采用负重式安装。这种方式不需要破坏原有防水层，能够提供牢固的支撑，保证光伏系统的长期稳定运行，常见的安装方法是混凝土基础安装。具体按基础施工方式可分为预制水泥基础和直接浇筑基础，按基础大小不同，还可以分为独立基座基础和复合基座基础。

独立基座是指将光伏支架的前后支架单独放置在平屋顶上的一种安装方式。根据柱体形状的不同，独立基座可以分为方形柱和圆形柱两种类型。

方形柱基座从连接方式上分为支架与混凝土基础基座螺丝连接（图 6-20）、支架连同水泥基础一起浇筑（图 6-21）、支架直接压在混凝土基础凹槽下（图 6-22）、混凝土直接放置在支架上（图 6-23）。

图 6-20　螺丝连接方形柱基础

图 6-21　水泥浇筑方形柱基础

圆形柱基座从连接方式上分为支架与混凝土基础基座螺丝连接、支架连同水泥基础一起浇筑，如图 6-24、图 6-25 所示。

复合基座基础也称条形基础，将光伏支架的前后支架连接为一体，具有更好的抵抗荷载能力，如图 6-26 所示。其与支架的连接方式也可分为支架与混凝土基础基座螺丝连接和支架连同水泥基础一起浇筑。

图 6-22　支架压在混凝土基础凹槽下　　　图 6-23　混凝土直接放置在支架上

图 6-24　螺丝连接圆形柱基础　　　　　图 6-25　水泥浇筑圆形柱基础

图 6-26　复合基座基础

同坡屋面情形类似，在低承载的彩钢瓦等屋面上，可以采用夹具或结构胶粘贴方式安装光伏组件。

另有一种特殊角度的支架式安装为平铺式安装，平铺式安装是将光伏组件平铺在平屋面上，这种安装方式不会造成前后遮挡，安装面积大，但组件发电效率偏低，如图 6-27、图 6-28 所示。

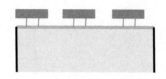

图 6-27　平铺式安装示意图

图 6-28　平铺式安装

在平屋面上进行支架式安装时，应注意以下几点要求。

（1）光伏组件的安装倾角应按照最佳倾角设计。当倾角小于 10°时，需要考虑设置人工清洗设施和通道。

（2）光伏组件安装支架宜采用可调节支架，包括自动跟踪型和手动调节型两种。手动调节型支架经济可靠，适合以月、季度为周期的调节系统。

（3）应合理安排光伏组件之间的间距，以满足冬至日不遮挡太阳光的要求。

（4）在屋面上安装光伏组件，应选择不影响屋面排水功能的基座形式，特别要避免与屋面排水方向垂直的条形基座。

（5）光伏组件基座与结构层相连时，应将防水层包裹到支座和金属埋件的上部，并在地脚螺栓周围进行密封处理。

6.3.2　嵌入式安装

嵌入式安装方式是在屋面系统上集成光伏材料，例如，半透明的光伏组件可以作为建筑采光顶与屋面结合为一体。这种屋面系统比较复杂，但综合效率较高，由光伏组件、空气间隙层、保温层和结构层等多个部分复合而成，具有高度一体化的特点,除能够防水之外,还可以承受一定程度的荷载。其安装方式如图 6-29、图 6-30 所示。

图 6-29　嵌入式安装示意图

图 6-30　平屋面嵌入式安装

构成屋面面层的建材型光伏组件,安装时除要保证排水通畅外,还需要在基层上设置具有一定刚度的保护层,以避免光伏组件变形导致表面局部积灰。此外,对于空气质量较差的地区,还需要设置清洗光伏组件表面的设备来确保光伏组件的发电效率。

6.4　外立面集成光伏

对于多、高层建筑,其建筑墙面的面积远大于屋面面积,建筑外墙也是与太阳光接触面积最大的表面,可以充分利用它来收集太阳能。类似于在屋顶安装光伏组件的方式,可以将光伏组件紧贴建筑外墙安装,这样不仅可以利用太阳能发电,还可以将光伏组件作为隔热层,降低室内冷负荷。可以通过适当的布置方式将光伏组件安装在墙面上，常见的结合方式有两种：一种是将光伏组件外挂于建筑墙面上；另一种是嵌入式安装，用于替代围护结构表面的装饰板材及玻璃幕墙。

6.4.1　外挂式安装

　　针对建筑实墙的光伏组件集成方式，可以通过支架将非透明光伏组件外挂附加在墙面上，通常采用金属框架固定光伏组件，并通过金属构件连接到主体建筑上，如图 6-31、图 6-32 所示。在建筑墙面外挂光伏组件的构造中，光伏组件与作为围护结构的建筑实墙是相对独立的，光伏组件只负责发电工作，不承担围护结构的防水、保温等功能，更换也相对便捷。为提高光伏组件的通风散热性能和发电效率，通常在光伏组件和建筑墙面之间设有空气层。

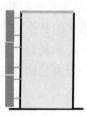

图 6-31　外挂式安装示意图

图 6-32　外挂式安装

　　在低纬度地区，由于太阳高度角较大，因此外挂在墙面上的光伏组件应有适当的倾角，以接收较多的太阳光，如图 6-33 所示。

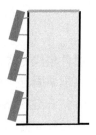

图 6-33　倾斜安装示意图

在墙面上外挂式安装光伏组件时，还需要满足以下要求。

(1)采用支架连接方式安装在外墙上的光伏组件,应作为墙体的附加永久荷载进行结构设计。同时，在组件与墙体连接处可能会产生墙体局部变形、裂缝等问题，应采取相应的构造措施加以防止。

(2)如果光伏组件安装在外保温构造的墙体上,其与墙面连接部位容易出现冷桥效应，因此需要采取特殊的断桥或保温构造措施进行处理。

此外，可以通过预埋防水套管来防止水渗入墙体构造层。但是，管线不宜设计在结构柱内，因为这会影响结构性能。

6.4.2　嵌入式安装

将光伏组件与建筑构件有机结合是实现光伏建筑一体化利用的更完美方式。在这种方式下，光伏组件以建筑材料的形式出现，成为建筑物不可分割的一部分，发挥着基本的建筑功能，如遮风挡雨、隔热保温等。因此，如果取下光伏组件，建筑也将失去这些功能。一般的建筑外围护结构采用涂料、瓷砖或幕墙玻璃等材料，主要是为了保护和装饰建筑物。若用光伏组件替代部分建材，则可以同时满足建筑的基本功能需求和光伏发电的作用，实现一举两得的效果。

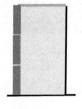

图 6-34　嵌入式安装示意图

嵌入式安装指将光伏组件替代部分建材，嵌入建筑外墙中(图 6-34)。这种做法既能满足建筑造型的要求，又能继续发挥建筑外墙的功能，还能发电。如图 6-35 所示，可以将光伏组件设计成各种不同的建材，应用于建筑外立面。

图 6-35　光伏发电建材

　　除了用作砖、石等建材的形式，半透明或不透明的光伏组件还可嵌入建筑幕墙中，成为光伏幕墙。光伏幕墙是将光伏组件和建筑幕墙集成化的一种新的建材形式。它突破了传统幕墙单一的围护功能，把传统幕墙试图屏蔽在外的太阳能转化为可利用的电能。光伏幕墙不仅能发电，还具备隔声、保温、保障安全、装饰等多种功能，同时充分利用了建筑物的表面和空间，为建筑物赋予了现代科技和时代特色。

　　晶体硅太阳电池和薄膜太阳电池等不同类型的太阳电池均适用于光伏幕墙。根据采光需要，光伏幕墙可以采用不透明或半透明组件，也可以与普通的透明玻璃结合使用，以创造出不同的建筑立面和室内光影效果。图 6-36 展示了采用半透明组件的晶体硅和非晶硅光伏幕墙，而图 6-37 则展示了半透明碲化镉组件光伏幕墙。对于晶体硅组件，可以通过调整电池片大小和间距的方式来控制透光率。非晶硅电池片则可通过激光加工成点状、布纹状等以实现不同的透光效果。相较于晶体硅组件，非晶硅组件透光更均匀，外视和内视效果更好，外观整体性更佳，更易于与建筑结合以满足美学要求。此外，借助不同厚度的减反射膜、不同颜色的 PVB 膜、镀膜背板等技术，还可以实现不同的组件颜色外观，如图 6-38 所示。

图 6-36　晶体硅与非晶硅光伏幕墙

(a)外视　　　　　　　　　　　　　　　　(b)内视

图 6-37　碲化镉组件光伏幕墙

(a)彩色非晶硅组件　　　　　　　　　(b)彩色碲化镉组件

图 6-38　彩色非晶硅组件和碲化镉组件光伏幕墙

　　按照组件安装时的框架结构，光伏幕墙可以分为点式结构、明框结构和隐框结构。点式结构中，光伏组件玻璃与支撑结构通过爪件点式连接，如图 6-39 所示。由于需要在组件玻璃上预先钻孔，因此对于光伏组件玻璃具有类似于建筑材料的安装要求。

图 6-39　点式结构光伏幕墙组件与安装示意图

　　(1)在定制光伏组件玻璃前应该详细规划好光伏组件需要钻孔的位置，以使得电池片和焊条能够远离这些区域，在焊接和层压组件时避免损坏。

　　(2)组件的线路引出需仔细计算，尽量不暴露在内外可视范围内，以保持美观。

　　(3)组件边缘空白区域应保留一定大小的余量，一般以 50mm 以上为宜，以保护组件内部免受腐蚀。

　　(4)在支撑孔周围应使用硅酮建筑密封胶进行可靠的密封。

　　明框结构即金属框架的构件显露于组件外表面的框支承结构。采用明框结构进行安装时，可以按照普通玻璃建材的安装方式进行操作。线路可以隐藏在型材结构内部，钻孔位置尽量选择在凹槽内，并用硅酮建筑密封胶密封，如图 6-40 所示。

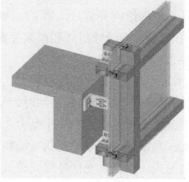

图 6-40　明框结构光伏幕墙组件与安装示意图

　　明框结构存在遮光现象，阳光照射在明框上会形成阴影。对于幕墙而言，横向框架对太阳光的遮挡可能会导致电池效率降低 3%～5%，不过这种影响在竖框结构和系统边缘的光伏玻璃上并不明显。另外，由于光伏组件玻璃表面的灰尘会随着雨水进入底边框内侧而堆积，因此可以通过降低横向框架的高度或者只使用竖向框架的方法来减少灰尘积累的问题。

　　隐框结构即外立面看不见框体，金属框架的构件完全不显露于组件外表面的框支承结构。在这种结构中，框架构件位于玻璃的内侧；光伏组件玻璃与构件之间采用结构胶进行固定，如图 6-41 所示。相比明框结构，隐框结构不存在阴影的问题；然而，安装光伏组件玻璃之间的结构胶可能会与组件中的 EVA 发生反应，从而破坏光伏组件玻璃的结构和绝缘、密封性能。此外，由于隐框结构中光伏组件的整个外观都是可见的，因此不利于线路的安装和隐藏。

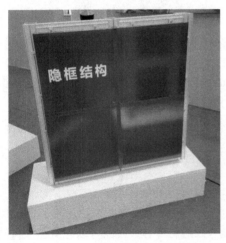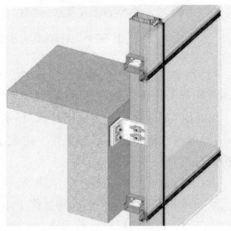

图 6-41　隐框结构光伏幕墙组件与安装示意图

　　在进行隐框结构安装时，需要注意以下几点。

　　(1)在安装前应清除组件和框架表面的灰尘、油污和其他污物，应分别使用带溶剂的擦布和干擦布清洁干净。

　　(2)清洁后应在 1h 内进行注胶。

　　(3)采用硅酮建筑密封胶黏结时，应避免结构胶长期处于单独受力状况。在硅酮建筑密封胶固化并达到足够承受力之前，不应搬动组件。

　　点支式光伏幕墙、双层光伏幕墙和单元式光伏幕墙是目前光伏幕墙应用中比较普遍的形式。点支式光伏幕墙安装效果如图 6-42 所示。

图 6-42　点支式光伏幕墙

双层光伏幕墙是指在双层幕墙结构中，使用光伏组件替代外层透明玻璃所构成的幕墙。为了实现室内空气流通和能量交换，可以根据季节的变化改变热通道风口的方向。如果需要让热通道承担部分或全部通风负荷，常常将外侧幕墙设计成封闭式，内侧幕墙设计成开启式。通过对上下两端的进排风口进行调节，形成热通道内的压差，再利用开启扇在建筑物内形成气流，从而实现通风功能。通过向通道内送风的管道，可以随时向室内提供新风。具体结构如图 6-43 所示。

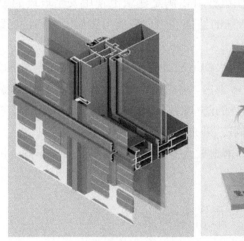

图 6-43　双层光伏幕墙结构示意图

单元式光伏幕墙是指用光伏组件与支承框架在工厂制成完整的光伏幕墙结构基本单位，并将其直接安装在建筑主体结构上的光伏幕墙，如图 6-44 所示。

在幕墙上安装光伏组件应符合以下要求。

(1)安装在幕墙上的光伏组件宜采用光伏幕墙，并根据建筑立面的需要进行统筹设计。

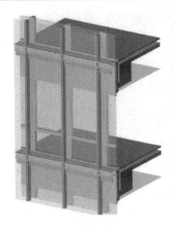

图 6-44　单元式光伏幕墙及安装示意图

(2)安装在幕墙上的光伏组件尺寸应符合所安装幕墙板材的模数,以便于安装,并与建筑幕墙在视觉上融为一体。

(3)光伏幕墙应满足与所安装普通幕墙相同的强度要求,以及具有同等保温、隔热、防水等性能,以保证幕墙的整体性能。

(4)使用 PVB 夹层胶的光伏组件可以满足建筑上使用安全玻璃的要求;用 EVA 层压的光伏组件需要采用特殊的结构,防止玻璃自爆后因 EVA 强度不够而引发事故。

(5)在正常使用条件下,层间防火构造应具有伸缩变形能力、密封性和耐久性;在遇火状态下,应在规定的耐火极限内,不发生开裂或脱落,保持相对稳定性;防火封堵时限应高于建筑幕墙本身的防火时限要求。玻璃光伏幕墙应尽量避免遮挡建筑室内视线,并应与建筑遮阳、采光统筹考虑。

(6)为了避免光伏组件损坏掉落造成人身伤害,应确保其安装牢固,并采取必要的防护措施。

6.5　阳台集成光伏

由于阳台通常突出于建筑表面,相较于墙面受到的遮挡要少,因此非常适合安装光伏组件。和墙面情况一样,安装光伏组件时可以采用外挂式或嵌入式两种方式。外挂式安装的组件可以选择垂直或以一定的角度倾斜,如图 6-45 所示。而嵌入式安装则能将光伏组件与护栏栏板融为一体,如图 6-46 所示。设计师可以利用光伏组件的材质、颜色和透明度来打造出富有韵律和美感的阳台栏板,塑造出生动活泼的建筑形象。

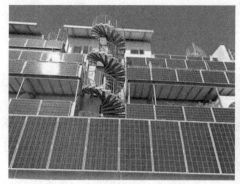
(a)垂直布置

(b)倾斜布置

图 6-45　阳台外挂式安装

图 6-46　阳台嵌入式安装

　　光伏阳台通常采用预制的龙骨将光伏组件与建筑结构中的预埋件相连接，或者采用光伏护栏构件嵌入式安装。在构造设计时，需要将光伏系统的电路铺设、接线盒布置与阳台栏杆或扶手的设计一同考虑，以实现隐蔽安装，减少对外观的影响。对不具有阳台栏板功能，外挂式安装的光伏组件，其支架应牢固连接在阳台栏板上的预埋件上，以避免坠落事件的发生。作为阳台栏板的光伏构件，应满足建筑阳台栏板强度及高度的要求。阳台栏板高度应随建筑高度而增高，如底层、多层住宅的阳台栏板净高不应低于1.05m，中高层、高层住宅的阳台栏板净高不应低于1.10m，这是根据人体重心和心理因素而定的。由于光伏组件背面温度较高或电气连接损坏可能会导致安全事故(如儿童烫伤或电气问题)，因此必须采取必要的保护措施，避免人员直接接触光伏组件。

　　在低纬度地区，由于太阳高度角相对较大，安装在阳台的光伏组件应有合适的倾角，以使其接收到更多的太阳光辐射。

6.6　遮阳与采光集成光伏

建筑遮阳的目的是防止直射阳光透过玻璃进入室内，避免阳光过度照射和加热建筑围护结构，同时防止强烈的眩光。

普通建筑遮阳构件可以防止阳光直射进入室内，从而减少室内的得热量，降低建筑空调的负荷。当将遮阳构件与光伏组件集成设计在一起时，便形成了既可遮阳又可发电的光伏遮阳板。常见的光伏遮阳一体化设计为支架式光伏遮阳板，通过支架与预埋件将光伏遮阳板连接到建筑主体结构上。这种方法基于传统的建筑外遮阳系统，具有安装方便和构造简单等优点。

对于窗口朝南及其附近朝向的窗户，可以采用水平式遮阳，在窗户的上方设置一定宽度的光伏遮阳板，如图 6-47 所示。通过利用冬季和夏季太阳高度角的差异来确定合适的尺寸，以确保光伏遮阳板可以遮挡夏季炽热的阳光，同时不会阻碍冬季温暖的阳光。

图 6-47　水平式遮阳布置

在构造设计时，光伏遮阳板的角度可以按最佳倾角设计，但同时需要避免上下遮阳板之间产生相互遮挡，以保证光伏组件的工作效率。建筑设计时，还应在安装光伏遮阳板的墙面部位采取必要的安全防护措施，以防止光伏组件因损坏而掉落伤人。

对于东、西朝向的窗户，可采用垂直式遮阳，将光伏遮阳板设置在窗户玻璃两侧，从而拥有较大的面积来布置光伏组件，如图 6-48 所示。通过设置在玻璃前凸出墙面的垂直遮阳板，能够有效地防止角度较小的阳光从玻璃侧面斜射进入。然而，对于角度较大的阳光，如从玻璃顶部射下来的阳光或接近日出、日落时水平射入的阳光，该垂直遮阳方式则不起遮挡作用。

图 6-48　垂直式遮阳布置

　　另一种光伏遮阳构件是光伏百叶窗，如图 6-49 所示。光伏百叶窗的表面是太阳电池面板，可配备电动装置，根据太阳光自动跟踪系统，随着太阳位置的变化，自动调整百叶窗的角度，以增加对太阳能的吸收。这种光伏百叶窗可以嵌入建筑物的窗户中，有效地遮挡阳光辐射，抑制室内温度的大幅升高，从而降低室内空调的能耗。

图 6-49　光伏百叶窗

　　光伏组件还可以应用于天窗、采光顶等建筑构件中，使用时需要考虑其透光性。实现透光的方式有多种，例如，将光伏组件与普通玻璃构件间隔分布，以保证透光需要；玻璃衬底的薄膜太阳电池本身就是透光的；可以在晶体硅光伏组件制造过程中将电池片按一定的空隙排列，调节透光率。同时考虑阴雨天对室内侧光线的影响，光伏组件的透光率一般设计在 10%～50%。

　　在满足透光性的基础上，光伏采光顶还必须具备抗风压、防水和防雷等安全要求。为方便屋面排水，大多数情况下采用横隐竖明的框架结构，也可采用点式结构进行安装，如图 6-50 所示。

图 6-50　光伏采光顶

第7章 非建筑光伏构筑物

光伏技术特别适合用于创新整合城市环境与传统的街道布局。城市的建筑、楼房、街景、绿地和水景的设计应当与当地的社会、经济和文化特点相协调。将光伏构件和系统与城市环境相结合是光伏与建筑一体化的一种派生形式。城市环境中的建筑小品、围墙、照明景观、休息亭等公共设施通常位于开阔区域，能获得丰富的太阳能资源，适合布置光伏构件。同时，相比于建筑围护结构，公共环境中的光伏构件在形式上所受限制较小，设计人员能够发挥更多的创意，创作出别具一格的光伏作品。

7.1 光伏与公路设施集成

7.1.1 光伏公路

光伏公路技术的基本原理是将光伏板铺设在公路上，既满足了太阳能光伏技术的占地需求，又可利用无线充电方式为行驶其上的电动汽车提供电能。

如图 7-1 所示，苏州同里综合能源服务中心"不停电的智慧公路"是这种技术应用与示范的典型例子，它将光伏公路、无线充电和无人驾驶三项技术融合应用在一起。该公路由两部分组成，两侧黑色部分为光伏路面，中间绿色部分为动态无线充电发射线圈区，当电动汽车行驶在其上时，底部的接收线圈即可接收来自地面发射线圈的能量，实现无线充电。此外，该公路采用新型透明混凝土柔性材料，承重能力达到 50t 以上，并且具有自行融雪化冰和 LED 路面智能引导功能。动态无线充电效率国内领先，达到 85% 以上，成功解决了电动汽车续航问题。

图 7-1　光伏公路

7.1.2　光伏声屏障

隔声屏障是一种隔声设施，主要应用于公路、高速公路、高架复合道路和其他噪声源的隔离降噪。为了减弱接收者所在区域内的噪声影响，在噪声源和接收者之间插入隔声屏障，以遮挡它们之间的直达声，使声波强度明显衰减。

如图 7-2 所示，将光伏组件作为隔声屏障的材料，上部采用光伏组件，下部采用金属隔声屏障，组合成光伏声屏障。这种组合形式适用于公路两侧，当有太阳光照射时，发出的电量可以直接并入电网使用，或者与储能电池配合成独立系统，为相关公路设施提供电力。例如，在高速公路两旁安装光伏声屏障，可以利用白天吸收的太阳光来发电并储存在蓄电池中，晚上为路灯提供电力，这样就不需要专门架设供电线路，既节约了费用，也有益于环保。

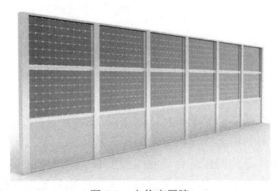

图 7-2　光伏声屏障

世界上首个装机容量超过 100kWp 的道路光伏声屏障是 1989 年建造的瑞士 A13 高速公路上的隔声屏障（图 7-3）。该站点位于一个呈45°倾斜的坡度上，由2208块多晶硅光伏组件组成，除供应监控系统以及逆变器所需电力（1863kW·h）之外，平均每年还能够产生 108000kW·h 的电能。

图 7-3　瑞士 A13 高速公路光伏声屏障

7.1.3　光伏路灯

公共区域的照明需求非常重要。由于这些区域通常比较大，灯光设置相对分散，并且对亮度要求不高，若采用传统电源线路供电照明，铺设线路的工程量很大，并且长距离的电缆会导致电能消耗增加，在出现故障时进行维护和修理也十分不便。为解决这些问题，可以将光伏组件与路灯相结合来提供照明服务。光伏路灯也称太阳能路灯，是应用最广泛的光伏系统之一(图 7-4)。该系统通常由光伏组件、LED 光源、太阳能路灯控制器、蓄电池、路灯灯杆及相关配件等部分组成。

图 7-4　光伏路灯

光伏组件通常采用单晶硅或多晶硅组件；LED 灯头一般选用大功率 LED 光源；控制器通常放置在灯杆内，提供光控和时控功能，同时可以保护储能系统免受过充、过放和反接等危险，更高级的控制器还可按四季调整亮灯时间、进行半功率操作以及智能充放电等；蓄电池一般放置于地下或专门的蓄电池保温箱中，可采用阀控式铅酸蓄电池、胶体蓄电池、铁铝蓄电池或锂电池等类型。光伏路灯可全自动工作，不需要挖沟布线，但灯杆需要固定在预埋件(混凝土底座)上。

光伏路灯的工作原理：①白天，光伏组件接收太阳辐射并将其转换为电能输出，通过充放电控制器存储到蓄电池中；②傍晚，当光照度降低到达一定程度或到达某一设定时间时，充放电控制器使蓄电池释放电能，给 LED 灯供电。采用光伏发电系统进行公共照明区域的电力供应实现了各个照明线路的独立化，并避免了大量人力和物力的消耗，检修难度也大大降低，同时还可以节约能源，可谓是一举多得。

7.1.4　光伏广告牌

光伏广告牌是传统广告牌与光伏系统的结合(图 7-5)。采用光伏组件、控制器、蓄电池作为供电系统，采用超高亮度发光 LED 灯作为光源，若输出电源为交流 220V，并且需要与市电互补，则还需要配置逆变器和市电智能切换器。白天将光能转换为电能并储存在蓄电池中，夜晚释放储备电量以点亮广告牌，不仅起到广告媒介作用，而且节电、绿色环保。

　　还可以将光伏广告牌与城市垃圾箱进一步结合，构成光伏广告垃圾箱，如图 7-6 所示。

图 7-5　光伏广告牌　　　　　　　图 7-6　光伏广告垃圾箱

　　高速公路沿线景致单调重复，缺乏视觉障碍物，因此广告牌更容易被驾驶员和乘客注意，从而达到较好的广告效果。然而，大部分高速公路广告牌安装的地理环境相对偏僻，且广告牌分布间距大，用电条件受限制，不具备普通电源的安装条件。晚上，广告牌无光源照射，在夜间无法照亮，无法发挥预期的广告宣传效果。此外，高速公路管理部门对广告牌的安全用电有严格规定，不允许随意就近从路灯及配电房接电。若采用远距离拉电则成本较高，经营单位必须耗费大量时间和精力去办理用电审批，并且在敷设管道、弱电井、高压电缆等过程中，涉及占用土地审批手续，施工周期长、成本高。因此，解决高速公路沿线广告牌的照明用电问题，是广告经营公司的迫切需求。

　　通过安装太阳能供电系统，将高速公路广告牌同光伏系统结合，只要有阳光的地方，白天就可以发电并储电，夜晚自动向投光灯放电，不存在远程电力输送问题，不产生电费开支，光伏离网发电与 LED 照明相结合，是高速公路广告牌照明用电最有效可行的解决方案，如图 7-7 所示。

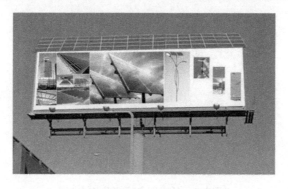

图 7-7　高速公路光伏广告牌示意图

7.2　光伏与加盖构筑物集成

7.2.1　光伏充电站

随着新能源电动汽车的日益普及，对充电站的需求也越来越大。图 7-8 所示的光伏充电站将充电站、光伏发电和停车棚相结合，既可以充分利用太阳能，又可以为汽车充电提供遮阳挡雨的环境。随着分布式储能技术的成熟，光伏充电站已经成为充换电基础设施发展的主流方向之一。光伏充电站对于新能源汽车的发展具有深远的影响。

图 7-8　光伏充电站

长途行驶的新能源汽车最担心的问题之一是缺少充电站。沪渝高速仙桃服务区的光伏充电站(图 7-9)是湖北交通首个投入使用的"光储充"一体化新能源项目，可同时为 30 辆新能源汽车提供充电服务。该"光储充"系统不仅能够提供绿色环保的电力，并且充电功率可较传统充电桩提升 2～3 倍，远高于传统充电桩。

图 7-9　仙桃服务区光伏充电站

该光伏充电站的装机量为 1000kWp，平均每日发电 2600 多 kW·h。

　　图 7-10 为福建省泉州市晋江陈埭滨江商务区的公交充电站。这是福建省首座"光储充"一体化充电站，已经接入泉州新能源汽车充电服务监管平台。该站拥有 20 个公交车停车位，可同时为 10 辆公交车提供快速充电服务。充电站包含供配电系统、光伏系统、储能系统、充电系统等，并配置有一个 100kW·h 的储能电池系统，可实现消纳光伏功率、平滑充电负荷和峰谷电价差异。在停电情况下，该储能电池系统还可以作为应急电源继续为电动汽车提供充电服务。充电站的站控系统能够实时监测各单元状态，并通过能量协调控制单元，根据峰谷时段及用电情况控制各发用电单元的能量流动，实现削峰填谷、谷电利用和新能源电量消纳等管理。充电站每年收益约 58 万元，预计投资回收期为 6 年。

图 7-10　晋江光伏公交充电站

7.2.2　光伏候车亭

　　公交候车亭是城市公共交通必不可少的设施，通常具备遮阳和防雨等功能，同时也可以用于展示灯箱广告。在太阳辐射强烈的地区，候车亭的遮阳功能更为重要，这为光伏与候车亭一体化设计提供了有利条件。

采用传统电力供应的公交候车亭，建造时需要进行路面挖掘施工，对正常交通活动的影响较大，并且地下输电线路的安装成本远大于光伏系统。相比之下，集成光伏系统的公交候车亭可以快速连接新的电力供应，而且不会影响正常交通。

为了将光伏发电装置与候车亭装饰相融合，应综合考虑候车亭的功能、艺术化设计以及太阳能发电等方面，以形成最佳的一体化设计方案。

候车亭可以利用太阳能和蓄电池作为直流电源，用于 LED 灯具及候车亭照明系统；还可应用 GPRS 无线通信技术，实现电表的远程计量、机电设备的远程状态监控与诊断等。因此，公交候车亭可综合应用光伏发电、LED 信息显示屏、GPRS 无线通信技术来进行设计，实现其智能化、环保化和数字化，从而为城市公共交通提供安全、便捷和环保的公共活动场所，如图 7-11 所示。

图 7-11　光伏候车亭

7.2.3　光伏遮阳棚

光伏组件对于安装环境并没有特殊要求，因此可以在很多应用环境中进行安装，如遮阳棚、遮雨棚、凉亭、连廊等。在这些区域安装太阳能发电板，不仅不会对这些设施应有的功能产生影响，并且避免了这些设施常年受到阳光照射，减缓了这些设施的老化，还能有效地进行光伏发电，与绿色环保的理念相符。

特别是在人们活动较多或人流量较大的场所，非常适合设置光伏遮阳棚。图 7-12～图 7-15 分别是公园泳池旁的光伏遮阳棚、深圳技术大学光伏遮阳棚、体育场露天看台的光伏遮阳棚和苏州星海街的光伏廊架，既可以遮阳挡雨，又不影响通风，还能产生电能，同周围环境融洽，起到了很好的装饰作用。图 7-16 为河北金融学院的光伏凉亭，采用了光伏瓦设计，保证了同传统凉亭外观的一致性，

图 7-12　公园光伏遮阳棚　　　　　　图 7-13　学校光伏遮阳棚

图 7-14　体育场看台光伏遮阳棚　　　　　图 7-15　光伏廊架

图 7-16　光伏凉亭

既能遮阳挡雨，让师生课间休憩时使用，还能发电，供夜间灯光所需。

　　我国拥有数量巨大的加油站，而加油站都有面积较大的遮阳罩棚，因此可以将光伏和加油站罩棚相结合，如图 7-17 所示。

图 7-17 加油站光伏罩棚

7.3 其他创新光伏集成设计

7.3.1 光伏围墙

社区、庄园、企业和工厂的围墙，过街天桥、公园走廊等的扶手护栏，都具有较大面积或者处于开阔地带，将其与光伏结合，可以在保持围护功能的同时，使其具有发电功能，如图 7-18 所示。

图 7-18 光伏护栏

图 7-19 为山东省莱西经济开发区智慧农业小镇的光伏围墙，采用铜铟镓硒薄膜太阳电池组件，一期安装光伏组件 335 块，共计 360m²，预计年发电量高达 8 万 kW·h。

如图 7-20 所示，胜利油田东辛采油厂井场的传统围栏被能发电的光伏围栏替代。围栏采用双面光伏组件，预计年均发电量为 986 万 kW·h，年节约标准煤 1211t，减排二氧化碳 8667t。

图 7-19　光伏围墙

图 7-20　光伏围栏

7.3.2　光伏交通工具

人们日常出行离不开交通工具，将光伏与交通工具进行结合，是非常自然的一个想法。将光伏与船只、车辆、飞行器相结合，便构成光伏+交通。

图 7-21 为德国制造的"图兰星球太阳"号光伏游轮，这是世界上第一艘全太阳能远洋船，这艘光伏游轮的船身长 31m，可容纳 40 名乘客。它的甲板上铺设了光伏组件，船上光伏组件的总面积为 536m^2，为船体两侧配备的 4 个电动马达提供能量。船上同时配有 6 个巨型锂电池，从而保证在没有日照的情况下可以继续正常航行。早在 2010 年 9 月 27 日，该船就自摩纳哥起航，最终历时 584 天，完成了环球旅行。

图 7-22 为"阳光动力 2 号"光伏飞机，其最高时速达 140km，是一架长航时、不必耗费一滴燃油便可昼夜连续飞行的太阳能飞机，飞行所需能量完全由太阳能电池提供。其翼展达到 72m，但重量只有约 2300kg，略重于家用汽车。"阳光动

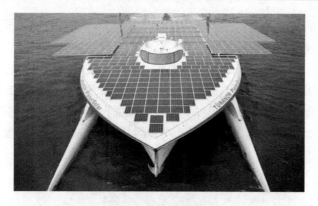

图 7-21　光伏游轮

图 7-22　光伏飞机

力 2 号"飞机通过 17248 片太阳能电池板为飞机上的 4 个电动发动机提供能量，最终为飞机的螺旋桨提供动力，还可将电能储存在锂电池组中供夜间飞行使用。2015 年 3 月 9 日，"阳光动力 2 号"飞机从阿联酋首都起飞，开始环球飞行，并最终在 2016 年 7 月 26 日返回阿联酋首都，完成了人类历史上首次太阳能飞机环球飞行的壮举。

　　在无人机领域，太阳能无人机的研制也备受各国关注。太阳能无人机采用太阳能作为动力源，具备超长航时的特点，未来留空时间可长达数月至数年，且飞行高度高，可超过 20000m，任务区域广阔，具备"准卫星"特征，具有部署灵活、经济性好等优势。可广泛应用于军民融合领域，包括重大自然灾害预警、常态化海域监管、应急抢险救灾、反恐维稳等公共事业领域以及偏远地区互联网无线接入、移动通信、数字电视信号广播等商业领域。

　　太阳能无人机不断发展，翼展越做越大，目的是使其可以在长达一个月甚至数月的长航时任务中，携带并使用重量更大、耗电量更大的负载设备。太阳能无人机要具备长航时，尤其是不间断跨昼夜飞行能力，就需要把其翼面做大，以便安装更多的光伏电池，携带多个电机，让无人机有足够的功率在高空进行巡航。

图 7-23 为中国首款完成首飞的大型太阳能无人机——"彩虹"T4。该机于2017 年完成首次试飞，持续飞行 15h 左右后平稳降落，成功完成 2 万 m 以上高空飞行实验。这也让我国跻身太阳能无人机领域的世界前三，仅次于美英之后。根据公开资料，"彩虹"T4 太阳能无人机翼展达到 45m 量级，机翼上方基本上全部覆盖了光伏组件。

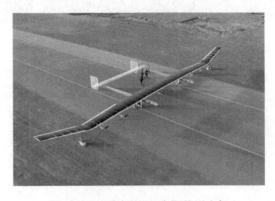

图 7-23　"彩虹"T4 太阳能无人机

在光伏同车辆的结合上，也已有较多应用。如对于短途使用的接驳车、观光车，可以在车顶上附加光伏组件，图 7-24 为利用光伏组件提供电力的高尔夫球车。

图 7-24　光伏高尔夫球车

在普通乘用车领域，也早就推出了采用光伏组件发电补充电能的车辆，如图 7-25 所示。早在 2010 年，丰田普锐斯就有了可选装的太阳能电池板，而 2017

款的普锐斯 Prime 的太阳能电池板则可以给混动系统电池组供电,在理想状态下每天能提供 3.5km 的续航。国内的比亚迪 2010 年也曾推出过可选装太阳能组件车顶的车型。

图 7-25　光伏辅助房车

以太阳能为动力的汽车也在各国企业的研发中。图 7-26 为荷兰光年汽车公司设计的"光年 0 号"太阳能汽车,采用太阳能与直充混合补能的方案。该车已在西班牙纳瓦拉地区进行了道路测试。车外部装有 782 块单晶硅太阳能电池,分成 28 个不同的独立组,光伏组件面积达 5m²。设计方称,如果每天行驶不超过 35km,在天气足够好的情况下,这款车能行驶 7 个月,无须额外充电。

国内天津阿尔特汽车技术股份有限公司也研发出了纯太阳能汽车——"天津号",并进行了巡展。如图 7-27 所示,"天津号"整车长、宽、高分别为 4080mm、1770mm、1811mm,轴距为 2850mm,座位数为 3 个,整车质量为 1020kg,车顶全部都是太阳能电池板,并且还可以像鸟类双翼一样展开,太阳能组件面积达 8.1m²。

图 7-26　"光年 0 号"太阳能汽车　　　　图 7-27　"天津号"太阳能汽车

测试数据显示，在晴好天气下，该车最高车速达 79.2km/h，续航里程为 74.8km。"天津号"完全依靠纯太阳能驱动，不使用任何化石燃料和外部电源，实现了零排放。

7.3.3　光伏景观

随着光伏技术的不断提升，人们日常生活中的光伏景观应用也越来越常见。这种新的光伏应用模式将光伏发电与景观场景结合在一起，实现一物多用。

如图 7-28 所示，光伏树是将光伏发电系统与各种仿生树相结合，形成各种功能组合的多用途发电装置，可应用在观光园、商业广场、停车场、道路两侧、公园绿地、别墅庭院等场合，且根据场景和需求不同，可设计为不同形状和颜色。与光伏树相近的设计还有光伏遮阳伞，如图 7-29 所示，既可以起到遮阳作用，还可以发电供手机充电。

图 7-28　光伏树

图 7-29　光伏遮阳伞

将光伏与花的形状结合成光伏花,是另一种常见的光伏景观,如图 7-30 所示。光伏花可设计为固定装置,也可以采用跟踪装置跟随太阳转动,以此模拟向日葵。

图 7-30　光伏花

图 7-31 为 2022 年北京冬奥会崇礼赛区的配套喷泉广场景观项目,喷泉广场除了晚上有精美绚丽的灯光效果,最神奇之处在于将碲化镉组件置于水景之下,成为水景的重要组成部分。喷泉广场采用 420 块碲化镉光伏地板砖,每块光伏地板砖尺寸为 600mm×600mm×110mm(长×宽×高),单块光伏地板砖的功率为 46Wp,项目总装机容量为 19.32kWp,预计年发电量在 25000kW·h 左右。项目采用"自发自用、余电上网"的并网方式,在满足夜间水下灯带用电需求的同时,多余的电可以并网。

图 7-31　光伏喷泉

全国首个光伏玻璃栈道在重庆南川大观原点酒店,如图 7-32 所示。光伏玻璃栈道位于酒店屋顶位置,游客通过该酒店的观光楼梯即可登上栈道。该光伏玻璃栈道采用 96 块彩虹碲化镉光伏玻璃拼接而成,全长 63m,总面积约 212m²,最大的一块光伏玻璃宽 1.3m、长 1.75m,厚 40mm,重 200 多 kg。光伏装机容量约 13kWp,年发电量约 9230kW·h。

图 7-32　光伏玻璃栈道

不同于其他普通玻璃栈道，该光伏玻璃栈道采用了特制的碲化镉薄膜彩虹发电玻璃，具有安全结实、弱光发电好、温度系数低、热斑效应小等特点，同时表面覆有纳米涂层彩虹图案，能在太阳光透过玻璃时形成颜色渐变的效果。故在阳光照射下，该彩虹光伏玻璃栈道随着观看角度的不同，呈现出不同颜色。

如图 7-33 所示，一条数百米光伏景观长廊宛如一条彩虹蜿蜒在新通扬运河畔，成为新通扬运河海陵段一道独特的风景。该光伏景观长廊位于泰州市海陵区春云路解楼圩，总长 300 多 m，建设总面积约 1600m²。采用 BIPV 技术，集遮阳、照明、景观功能于一体，长廊顶棚有 453 块光伏组件，发电设计容量达到 167kWp，年发电量可达 18 万 kW·h 左右。

图 7-33　光伏景观长廊

7.3.4　光伏农业

除与城市环境结合外，光伏与农业应用场景结合也较丰富，如可以将光伏和粮食作物、蔬菜、中草药种植，畜牧业，以及渔业养殖相结合。

中利集团创新农业光伏应用。其"智能光伏+科技农业"创新项目(图7-34~图7-36),突破了传统的农业光伏仅能用于喜阴作物和养殖业,成功实现了水稻、小麦等粮食作物在光伏板下的机械化耕种,让农民实现了"土地租金+高效农业+就业"叠加收益的致富,荣获2016年"中国'三农'十大创新榜样"奖。为满足机械化耕种需求,组件安装高度达4m;为保证农作物的采光需求,组件安装桩距跨度10m,且采用单板安装。项目采用智能集中监控,对农业进行自动分析,如

图 7-34 光伏种植

图 7-35 光伏养殖

图 7-36　光伏畜牧

环境温度、土壤湿度、肥力等实时信息，利用在光伏支架上安装喷管，实现了自动喷淋、喷灌、施肥等。创新西部地区"光伏+牧业"养殖，根据养殖数量需要，配置适量的光伏顶羊棚，利用光伏发电配置小型取暖设施，让羊群过冬。

　　显然，随着光伏技术的不断发展，光伏的应用和一体化产品也在不断推陈出新，未来必将涌现出更多精彩作品。

第8章 建筑光伏系统的经济性与环境影响

光伏建筑一体化技术使建筑物自身产生电力，随着光伏建筑一体化技术的迅速发展，光伏建筑一体化系统的经济性、环保性得到越来越多的关注。

8.1 建筑光伏系统的经济性分析

8.1.1 经济效益评价的基本原理

在社会实践中，人们进行的主要实践活动大多是为了取得一定的效益，以满足人们生产和生活的需要，这是人类社会实践所遵循的一个重要原则。不同类型的实践活动取得效益的形式有所不同。例如，工农业生产希望能尽量多地生产出物美价廉的工农业产品；物流运输业希望能安全快捷地将货物运送到目的地；从事教育工作则希望培养出热爱祖国、热爱人民、专业能力突出的人才。无论能够用经济数字描述的生产领域的活动，还是无法用经济数字描述、属于"软指标"的非生产领域的活动，在经济效益方面都可以从两个角度考虑：一是在给定的人力、物力条件下，如何通过科学管理、合理调配来充分发挥现有资源的作用，达成既定目标并产出最大的成果；二是在确保达成目标的前提下，通过技术进步和优化组合来最小化花费和消耗。换言之，任何一种社会实践为获得有用成果和创造物质财富都需要付出一定的代价，消耗一定的人力、物力和资金。

经济效益是指人们在经济实践活动中取得的有用成果与劳动耗费之比，或产出的经济成果与投入的资源总量(包括人力、物力、财力等资源)之比。从经济效益的概念出发，通过对有用成果和劳动耗费进行分析，将二者相联系，可以列出经济效益的一般表达式，主要有三种。

(1)差额表示法：经济效益=有用成果-劳动耗费

(2)比率表示法：经济效益=有用成果/劳动耗费

(3)差额比率表示法：经济效益=(有用成果-劳动耗费)/劳动耗费

为了提高经济效益，需要努力获得最大的有用成果，并尽量减少劳动耗费。因此，评价经济效益的准则是：以尽可能少的劳动耗费取得尽可能多的有用成果。

对各种技术方案进行经济效益评价时，应遵循以下几项基本原则。

(1)要求尽可能做到技术、经济、政策上的相互结合。

(2)宏观经济效益要和微观经济效益相结合。宏观经济效益是指国民经济效益或社会经济效益，微观经济效益是指一个企业或一个项目的具体经济效益，两者实质上是整体利益和局部利益的关系。

(3)近期经济效益要和远期经济效益相结合。

(4)直接经济效益要和间接经济效益相结合。

(5)定量的经济效益要和定性的经济效益相结合。

(6)经济效益评价还要与综合效益评价相结合。

8.1.2　建筑光伏系统的成本

建筑光伏系统的成本包括建筑部分、机电设备及安装工程和相关费用，见表 8-1。

表 8-1　建筑光伏系统的成本构成

序号	建筑部分	机电设备及安装工程	费用部分
1	建筑结构支架系统	光伏组件	建设用地费 (如屋顶租赁费等)
2	建筑工程 (逆变站、电缆沟、配电房、污水处理设施等)	光伏系统设备 (逆变器、汇流箱、箱式变电站、电缆、蓄电池等)	建设管理费 (前期工程准备费、建设单位管理费、工程建设监理费、工程保险费、工程验收费等)
3	交通工程 (进场道路、场内道路、站内道路等)	升压变电设备 (升压系统、无功补偿系统、变压器等)	生产准备费 (培训费、办公及生活家具购置费、工作器具购置费、备品备件购置费、联合试运转费)
4	辅助工程 (施工水源、电源等)	通信和控制设备 (光伏设备监控系统、升压站监控系统、继电保护系统、图像监控及防盗报警系统、通信系统、远动系统、直流系统等)	勘察设计费
5	其他 (环境保护设施、水土保持设施、场地保护设施、围栏等)	其他设备 (消防系统、给排水系统、接地及电缆防火系统、防雷系统、调试设备等)	维护费
6			基本预备费
7			并网费

每个国家对并网的政策不同，并网所需的费用也不一样。并网的费用一般包括初装费、输出电量税、电表校准费、培训费和附加费。其他的一些要求如保险

费、财产评估费、公证费、相关数据采集和保护装置的费用等也都增加了并网费用。并网费用占大型系统的总投资份额比较少，而对小型系统的总投资影响则比较大。

对于光伏幕墙、光伏采光顶等与建筑结合程度高的建筑光伏系统，其幕墙、采光顶的支承系统的成本不宜计算在建筑光伏系统的成本内。

8.1.3　建筑光伏系统的发电效益

光伏组件输出的直流功率是太阳电池的标称功率。首先，实际发电效率受现场的各种不利因素影响，现场运行时的建筑光伏组件往往达不到标准测试条件。因此，在分析太阳电池输出功率时要考虑到影响系数；其次，如果建筑光伏组件的环境温度升高到正常工作的限值，建筑光伏组件输出的功率也随之下降，在分析太阳电池输出功率时要考虑到此部分的影响系数；再次，建筑光伏组件表面灰尘的累积，会影响辐射到建筑光伏组件表面的太阳辐射强度，同样会影响建筑光伏组件的输出功率；最后，还需考虑建筑光伏组件的不匹配性和板间连线损失，且并网光伏系统需要考虑安装角度因素等。

由于太阳辐射的不均匀性，建筑光伏组件的输出几乎不可能同时达到最大功率输出，因此光伏方阵的输出功率要低于各个建筑光伏组件的标称功率之和。

建筑光伏系统的发电效益可按如下方法计算：根据当地的太阳辐射量、安装方式、建筑光伏组件类型等计算光伏系统容量，并计算建筑光伏系统每年的发电量以及运行生命周期内的发电量；然后计算其发电效益。

年平均太阳总辐射量可通过太阳辐射月平均日辐射量乘以每月天数，然后求和得到该地区的全年总辐射值。

建筑光伏系统的理论年发电量为

$$E_p = H_a S K \tag{8.1}$$

式中，E_p 为理论年发电量，$kW \cdot h$；H_a 为年平均太阳总辐射量，$kW \cdot h/m^2$；S 为光伏组件总面积，m^2；K 为组件光电转换效率。

建筑光伏系统的实际年发电量为

$$E_s = E_p R \tag{8.2}$$

式中，E_s 为实际年发电量，$kW \cdot h$；R 为实际发电效率。

建筑光伏系统的发电效益按式(8.3)计算：

$$E = LR \times E_s \times P_e \tag{8.3}$$

式中，E 为光伏系统的发电效益，元；LR 为系统寿命期；P_e 为光伏系统的上网电价，元/$(kW \cdot h)$。

8.1.4　建筑光伏系统经济性分析方法

工程经济分析的主要内容是论证技术方案的经济效益。经济效益实质上是有用成果和劳动耗费的比较。由于有用成果表现在诸多方面，其中有的可用数量表示，有的无法用数量表示，劳动耗费的支付形态和支付条件又有着多种多样的差别，所有这些都造成经济效益评价的复杂性和困难性。

建筑光伏系统项目的经济效益评价是在国家现行财税制度和价格体系的基础上，对项目进行财务效益分析，考察项目的盈利能力、清偿能力等财务状况并进行不确定性分析，以判断其在财务上的可行性。具体内容包括财务基准收益率、总投资收益率、资本金净利润率、利息备付率、偿债备付率等。财务评价中的计算参数主要用于计算项目财务费用和效益，具体包括建设期价格上涨指数、各种取费系数或比例、税率、利率等。

建筑光伏系统项目的盈利能力分析主要指标包括项目投资财务内部收益率、财务净现值、项目投资回收期和总投资收益率等。

1. 内部收益率

内部收益率是指项目在整个计算期内各年财务净现金流量的现值之和等于零时的折现率，也就是使项目的财务净现值等于零时的折现率。

$$\sum_{t=0}^{k}(\text{CI}-\text{CO})_t \times (1+\text{FIRR})^{-t} = 0 \tag{8.4}$$

式中，CI 为现金流入量；CO 为现金流出量；$(\text{CI}-\text{CO})_t$ 为第 t 期的净现金流量；k 为项目计算期；FIRR 为财务内部收益率。

内部收益率是反映项目实际收益率的一个动态指标，该指标越大越好。一般情况下，内部收益率大于等于基准收益率时，项目可行。

2. 净现值分析

净现值是指投资项目所产生的净现金流量以资金成本为折现率折现之后与原始投资额现值的差额。财务净现值是指按设定的折现率（一般采用基准收益率 i_c）计算的项目计算期内净现金流量的现值之和，可按式(8.5)计算：

$$\text{FNPV} = \sum_{t=0}^{k}(\text{CI}-\text{CO})_t \times (1+i_c)^{-t} \tag{8.5}$$

式中，FNPV 为财务净现值；i_c 为设定的折现率（同基准收益率）。

净现值法就是按净现值大小来评价方案优劣的一种方法。净现值大于零则方案可行，且净现值越大，方案越优，投资效益越好。在只有一个备选项目采纳与否的决策中，净现值为正者采纳，净现值为负者不采纳；在有多个备选项目的互斥选择决策中，应选用净现值是正值中的最大者。

3. 回收期分析

项目投资回收期是指以项目的净收益抵偿项目总投资所需要的时间，一般以年为单位。项目投资回收期宜从项目建设开始年算起，若从项目投产开始年计算，应予以特别注明。项目投资回收期可采用式(8.6)表达：

$$\sum_{t=0}^{p_t}(CI-CO)_t = 0 \tag{8.6}$$

式中，p_t 为项目投资回收期。

项目投资回收期可借助项目投资现金流量表计算。项目投资现金流量表中累计净现金流量由负值变为零的时点，即为项目的投资回收期。项目投资回收期可按式(8.7)计算：

$$p_t = T-1+\frac{\left|\sum_{i=0}^{T-1}(CI-CO)_i\right|}{(CI-CO)_T} \tag{8.7}$$

式中，T 为各年累计净现金流量首次为正值或零的年数。

回收期分析是一种简要估计投资效益的方法。投资回收期短，表明项目投资回收快，抗风险能力强。对于希望从投资中迅速获取回报的投资者，回收期越短的投资越受欢迎。但是，一个回收期短的投资并非一定是经济效益最好的投资。一个回收期长的投资如果能够保持每年的收益，就有可能比一个回收期短的投资带来更多的效益。

4. 总投资收益率

总投资收益率表示总投资的盈利水平，是指项目达到设计生产能力后正常年份的年息税前利润或运营期内年平均息税前利润与项目总投资的比率，可按式(8.8)计算：

$$ROI = \frac{EBIT}{TI} \times 100\% \tag{8.8}$$

式中，ROI 为总投资收益率；EBIT 为项目正常年份的年息税前利润或运营期内年平均息税前利润，息税前利润指支付利息和所得税之前的利润；TI 为项目总投资，建筑光伏系统的总投资包括建筑光伏组件及支架费用、逆变器和输配运配电费用、安装/调试费用、资源使用费用以及其他费用，其他费用包括总贷款利息、总通货膨胀费、建筑光伏系统的总维护费用。

总投资收益率高于同行业的收益率参考值，表明用总投资收益率表示的盈利能力满足要求。

盈亏平衡分析是指项目达到设计生产能力的条件下，通过盈亏平衡点分析项目成本与收益的平衡关系。各种不确定因素(如投资、成本、项目寿命期等)的变化会影响投资方案的经济效果，当这些因素的变化达到某一临界值时，就会影响方案的取舍。盈亏平衡分析的目的就是找出这个临界值，即盈亏平衡点，判断投资方案对不确定因素变化的承受能力，为决策提供依据。

盈亏平衡点一般采用公式计算，也可利用盈亏平衡图求取，盈亏平衡点可采用生产能力利用率或产量表示，可按下列公式计算：

$$BEP = \frac{C_g}{R_n - C_k - F_s} \times 100\% \tag{8.9}$$

式中，BEP 为盈亏平衡点；C_g 为年固定成本；R_n 为年营业收入；C_k 为年可变成本；F_s 为年营业税金及附加。

当采用含增值税价格时，式(8.9)中的分母还应扣除增值税。

在项目运营期，通过计算盈亏平衡点，结合市场预测，可以对项目发生亏损的可能性做出大致的判断，以此判定项目适应发电量变化的能力，以及抗风险能力的强弱。

还需对建筑光伏系统效益影响较大且重要的不确定因素进行分析，用以考察各种不确定因素对项目基本方案经济效益评价指标的影响，找出敏感因素，估计项目效益对它们的敏感程度，粗略预测项目可能承担的风险，为进一步的风险分析打下基础。

敏感度系数是指项目评价指标变化率与不确定性因素变化率之比，可按式(8.10)计算：

$$S_{AF} = \frac{\Delta A / A}{\Delta F / F} \tag{8.10}$$

式中，S_{AF} 为敏感度系数；$\Delta A / A$ 为评价指标 A 的变化率；$\Delta F / F$ 为不确定性因素 F 的变化率。

$S_{AF} > 0$，表示评价指标与不确定因素同方向变化；$S_{AF} < 0$，表示评价指标与不确定因素反方向变化。$|S_{AF}|$ 较大者敏感度系数较高。

光伏发电项目的经验表明，影响投资经济效益的因素较多，主要为光伏组件的价格、上网电价等，建设工期、投资及汇率等也是不确定因素，应对以上因素进行敏感性分析。

8.2　光伏建筑一体化系统对环境的影响

1. 光伏组件的生产

硅是最常见的太阳电池材料，其制造经过多个步骤，要严格控制各步骤，以防对环境造成严重污染。

太阳电池的生产需要经过扩散、氧化以及与不同的化学物质进行接触，在严格控制工序的情况下，这些化学物质均可以回收或者分解。薄膜太阳电池的生产有时需要使用一些有害气体，因此同样需要严格规范各工序，以防发生意外。另外，在生产过程中被损坏的太阳电池可以被回收并重新利用。因此，只要严格规范各生产工序，就可以避免光伏组件的生产过程对环境产生不利影响。

2. 光伏系统的运行

光伏系统运行过程中不会产生噪声、固体废物或有害气体，因此对环境没有不利影响。光伏系统通常用于替代化石燃料，如燃油或液化气，在这种情况下，每生产一度电，光伏电站就能减少相应的温室气体排放。

环境减排效益包括二氧化碳减排量、二氧化硫减排量和粉尘减排量。光伏建筑一体化系统的二氧化碳减排量、二氧化硫减排量、粉尘减排量分别按以下公式计算：

$$Q_{dCO_2} = q \times E_n \times V_{CO_2} \tag{8.11}$$

$$Q_{dSO_2} = q \times E_n \times V_{SO_2} \tag{8.12}$$

$$Q_{dfc} = q \times E_n \times V_{fc} \tag{8.13}$$

式中，Q_{dCO_2} 为光伏建筑一体化系统的二氧化碳减排量，kg/年；Q_{dSO_2} 为光伏建筑一体化系统的二氧化硫减排量，kg/年；Q_{dfc} 为光伏建筑一体化系统的粉尘减排量，kg/年；q 为每度电折合所耗标准煤量，kg/(kW·h)，根据上年火电耗煤水平确定；E_n 为光伏系统的年发电量，kW·h/年；V_{CO_2} 为标准煤的二氧化碳排放因子；V_{SO_2} 为标准煤的二氧化硫排放因子；V_{fc} 为标准煤的粉尘排放因子。

参 考 文 献

陈坚, 康勇, 2014. 电力电子学——电力电子变换和控制技术[M]. 3 版. 北京: 高等教育出版社.

德奥·普拉萨德, 马克·斯诺, 2013. 太阳能光伏建筑设计[M]. 上海现代建筑设计(集团)有限公司技术中心, 译. 上海: 上海科学技术出版社.

海涛, 何江, 2015. 太阳能建筑一体化技术应用(光伏部分)[M]. 北京: 科学出版社.

侯海虹, 张磊, 钱斌, 等, 2016. 薄膜太阳能电池基础教程[M]. 北京: 科学出版社.

惠晶, 2018. 新能源发电与控制技术[M]. 3 版. 北京: 机械工业出版社.

李天福, 钱斌, 潘启勇, 等, 2017. 新能源光伏发电及控制[M]. 北京: 科学出版社.

李现辉, 郝斌, 2012. 太阳能光伏建筑一体化工程设计与案例[M]. 北京: 中国建筑工业出版社.

李英姿, 2016. 光伏建筑一体化工程设计与应用[M]. 北京: 中国电力出版社.

刘鉴民, 2010. 太阳能利用: 原理·技术·工程[M]. 北京: 电子工业出版社.

清华大学建筑节能研究中心, 2023. 中国建筑节能年度发展研究报告 2023(城市能源系统专题)[M]. 北京: 中国建筑工业出版社.

徐燊, 黄靖, 2015. 太阳能建筑设计[M]. 北京: 中国建筑工业出版社.

薛春荣, 钱斌, 江学范, 等, 2015. 太阳能光伏组件技术[M]. 2 版. 北京: 科学出版社.

薛一冰, 杨倩苗, 王崇杰, 等, 2014. 建筑太阳能利用技术[M]. 北京: 中国建材工业出版社.

杨洪兴, 周伟, 2009. 太阳能建筑一体化技术与应用[M]. 北京: 中国建筑工业出版社.

张鹤飞, 2004. 太阳能热利用原理与计算机模拟[M]. 2 版. 西安: 西北工业大学出版社.

朱彦鹏, 等, 2016. 建筑与太阳能一体化技术与应用[M]. 北京: 科学出版社.

住房和城乡建设部标准定额研究所, 2017. 建筑光伏系统技术导则[M]. 北京: 中国建筑工业出版社.